四季养花

马　超◎编著

四川科学技术出版社

图书在版编目（CIP）数据

四季养花 / 马超编著. -- 成都：四川科学技术出
版社，2018.11（2025.1重印）

ISBN 978-7-5364-9223-3

Ⅰ.①四… Ⅱ.①马… Ⅲ.①花卉—观赏园艺 Ⅳ.
①S68

中国版本图书馆CIP数据核字(2018)第239607号

四季养花
SIJI YANGHUA

出 品 人　程佳月
编　著　马　超
策　划　谢　伟
责任编辑　谌媛媛
封面设计　宋双成
责任出版　欧晓春
出版发行　四川科学技术出版社
　　　　　成都市锦江区三色路238号　邮政编码 610023
　　　　　官方微博：http://weibo.com/sckjcbs
　　　　　官方微信公众号：sckjcbs
　　　　　传真：028-86361756
成品尺寸　170mm×240mm
　　　　　印张14　　　字数 240千字
印　　刷　三河市南阳印刷有限公司
版　　次　2019年1月第一版
印　　次　2025年1月第二次印刷
定　　价　68.00元
ISBN 978-7-5364-9223-3

邮　　购：成都市锦江区三色路238号新华之星A座25层　邮政编码：610023
电话：028-86361770

前 言

　　花卉是大自然对人类美丽的馈赠。它婀娜多姿、色彩瑰丽的风韵将人们带进一个五彩缤纷、生机盎然的世界。养花，不但可以丰富和调剂人们的文化生活，增添乐趣，陶冶性情，还能增长科学知识，提高文化艺术素养。

　　在家中养些花草，不仅可以修身养性，也是净化空气、美化居家的靓丽"花"招，已逐步成为现代都市人追求品质生活不可或缺的一项雅致活动。

　　当下，随着人们生活水平的提高和居住环境的改善，涌现出了众多"花痴"，但其中也不乏光有养花"热度"，没有养花技术的"花盲"。为此，本书以实用为目的，精心选取了具有装饰效果和绿化价值、适合家庭养护的花卉，详尽地介绍了其养护知识。只要您认真阅读，掌握一定的养花技巧，就可以培育出花叶繁茂、生机盎然的花卉，装点温馨的家。

目录/CONTENTS

春季编

夏季编

秋季编

冬季编

春季编

Spring

春季养花科学新知

盆花出室和适宜时间

初春季节，天气乍暖还寒，气候多变，此时如将刚刚萌芽展叶的花卉，或是正处于孕蕾期、正在挂果的原产热带、亚热带的花卉搬入室外养护，遇到晚霜或寒流侵袭，极易受冻害，轻者嫩芽、嫩叶、嫩梢被寒风吹焦或受冻伤；重者突然大量落叶，整株死亡。

正常年份，黄河以南和长江中下游地区，盆花出室时间一般以清明至谷雨间为宜；黄河以北地区，盆花出室时间一般以谷雨到立夏之间为宜。盆花出室需要一个适应外界环境的过程。在室内越冬的盆花不能春天一到，就骤然出室，更不能一出室就全天放在室外，否则容易受到低温或干旱风等的危害。

浇水要点

早春许多花卉刚刚复苏，开始萌芽展叶，需水量不多，再加上此时气温不高，蒸发量少，因此春季宜少浇水。

如果早春浇水过多，盆土长期潮湿，就会导致土中缺氧，易引起烂根、落叶、落花、落果，严重的会造成整株死亡。

晚春气温较高，阳光较强，蒸发量较大，浇水宜勤，水量也要增多。

春季浇水宜在午前进行，每次浇水后都要及时松土，使盆土通气良好。

我国某些地区，春季气候干燥，常刮干旱风，所以要经常向叶上喷水，增加空气的湿度。

施肥要点

花卉在室内经过漫长的越冬生活，生长势减弱，刚萌发的新芽、嫩叶、嫩枝或是幼苗，根系均较娇嫩，极易使花卉受到肥害，因此早春给花卉施肥应掌握"薄""淡"的原则。

早春应施充分腐熟的稀薄饼肥水，因为这类肥料肥效较持久，且可改良土壤。施肥次数要由少到多，一般以每隔10~15天施一次为宜。施肥时要注意以下几点：

（1）施肥前1~2天不要浇水，使盆土略干燥，以利肥效吸收。

（2）施肥前要先松土，以利肥液下渗。肥液不要沾污枝叶以及根茎，否则易造成肥害。

（3）施肥后次日上午要及时浇水，并适时松土，使盆土通气良好，以利根系发育。

修剪要点

"七分靠管、三分靠剪"，这是老花匠的经验之谈，说明了修剪的重要性。修剪一年四季都要进行，但各季应有所侧重。

春季修剪的重点是根据不同种类花卉的生长特性进行剪枝、剪根、摘心及摘叶等工作。对一年生枝条上开花的月季、扶桑、一品红等可于早春进行重剪，剪去枯枝、病虫枝以及影响通风透光的过密枝条。对保留的枝条，一般只保留枝条基部2~3个芽进行短截。修剪时要注意将剪口芽留在外侧，这样萌发新枝后树冠丰满，开花繁茂。对二年生枝条上开花的杜鹃、山茶、栀子等，不能过分修剪，以轻度修剪为宜，通常只剪去病残枝、过密枝即可，以免影响日后开花。

春季花卉常见病虫害的防治

春季是花卉病虫害的高发期，也是养花人最为焦虑的季节。在春天不少花卉都可能受到蚜虫危害，最常受此危害的花卉有扶桑、月季、金银花等。而且，蚜虫非常适应春季的气候，它会随着温度的逐渐回暖而日益增多。不少养花人都会发现自己的花卉受到危害，而且会持续相当长一段时间。这时，可以考虑喷洒40％的氧化乐果兑水1 200~1 500倍杀虫，或50％的辛硫磷乳油2 000倍液喷洒受害处，还可以使用中性洗衣粉加入70~100倍水喷洒到花卉上。

春天气温逐步升高，如果气温已经达到20℃以上，并且土壤湿度较大时，一些新播种的或去年秋季播种的花卉及一些容易烂根的花卉，极容易发生立枯病。为此可以在花卉播种前，在土壤中拌入70％的五氯硝基苯。另外，小苗幼嫩期要控制浇水，防止土壤过湿。对于初发病的花卉，可以浇灌1％的硫酸亚铁或50％的代森铵可湿性粉剂200~400倍液，均按每平方米浇灌2.4千克药水的比例酌情浇灌盆花。

在春季，淅淅沥沥的小雨会给人滋润的感受，但也会引发养花人的担忧。因为春季雨后容易发生玫瑰锈病。为了防治这种病，养花人要注意观察，及时将玫瑰花上的黄色病芽摘掉烧毁，消灭传染病源。如果发现花卉染病，可在发病初期用15％的粉锈宁可湿性粉剂700~1 000倍液进行喷杀。

春季常见花卉的养育

迎春花	
别　名：	金腰带、小黄花。
原产地：	中国北部及西南地区。
习　性：	喜阳光，较耐寒，畏水湿，能抗旱，适应性强，管理容易。
花　期：	3~4月。
特　色：	易于栽养、不畏寒冷、不择风土，且花色端庄秀丽、气质非凡。

养护秘诀

栽植

盆栽一般在9月中旬后上盆，对土壤要求不严，在微酸、中性、微碱性土壤中都能生长，但在疏松肥沃的沙质土壤中生长最好。上盆后将主根茎约10厘米以上的枝干全部剪去，让主茎萌发新枝。稍加养护就会春天黄花满枝、夏秋绿叶舒展、冬天枝叶婆娑，四季都充满春意。

浇水

生长季节要控制浇水，盆土以保持湿润、偏干为主，不干不浇。气候干燥时，可适当喷水增加湿度，但要防止盆中积水。只要浇水控制得好，就能收到枝短花密的效果。

施肥

盆栽时施基肥，在生长季节，每20天施一次稀薄饼肥水。在生长后期要增施些磷、钾肥，这样才能在修剪后，促进多发壮枝。

修剪

迎春花每年开花后进行修剪，把长枝条从基部剪去，促使另发新枝，第二年就会开花繁茂。为了避免新枝过长，一般在5~7月，可摘心2~3次，每次摘心都在新枝的基部留两对芽而截去顶梢。

繁殖

迎春花的繁殖主要有扦插、压条、分株等方法。

扦插法：春、夏、秋三季均可进行，剪取半木质化的枝条12~15厘米长，插入沙土中，保持湿润，约15天生根。

压条法：将较长的枝条浅埋于沙土中，不必刻伤，40~50天后生根，翌年春季与母株分离移栽。

分株法：可在春季芽萌动时进行。春季移植时地上枝干截除一部分，需带宿土。也可干插，即在整好的苗床内扦插后灌透水。干插可在10月中旬至11月中旬或春季进行。

病虫防治

花叶病：由黄瓜花叶病毒CMV引起的全株性病害。症状为叶片变小、畸形，分布有暗绿色斑纹或黄化。染病植株不开花，就算开花，花也矮小畸形，有斑纹。传染途径主要由桃蚜和棉蚜传毒。传染源主要为周围杂草感病病株。

防治方法：首先要及时清除杂草，减少传染源。其次应及早防治蚜虫，消除传毒媒介。

斑点病：主要危害植株叶片。病情由植株下部向上部蔓延。病斑通常直径3~4毫米，褐色，严重时病叶枯死，造成落叶。该病由报春柱格孢菌引起。病菌以菌丝体或分生孢子座在病残体上越冬，种子也可带菌，成为第二年的初侵染源。该病主要靠分生孢子随空气及雨水传播。生长季节再侵染频繁。通常温暖多湿的天气和偏施氮肥时，植株容易发病。一般7月开始发病，8~10月流行。

防治方法：选育抗病品种，加强肥水管理，增施有机肥和磷钾肥，避免偏施氮肥。病害初期喷洒70%甲基托布津1 000倍液加75%百菌清可湿性粉剂1 000倍液，或1：1：100波尔多液。

垂丝海棠

别　名：梨花海棠。

原产地：中国。

习　性：喜阳光，不耐阴，喜温暖、湿润，不耐涝，适应性较强，微酸或微碱性土壤均可。

花　期：4~5月。

特　色：生性强健、易于栽养，花姿优美，为极具观赏性的庭院花木。

养护秘诀

栽植

垂丝海棠可庭院地栽，也可盆栽。早春带土团上盆，栽后浇足水，搬入室内，温度不宜过高，要常向枝条喷水，开花前再移至光照充足的阳台上。盆栽成株，于春季发芽前要进行修剪，剪去上年枝条的顶部，留约25厘米，以促进分枝。

浇水

垂丝海棠耐干旱，怕积水。不论地栽还是盆栽，只要保持土壤湿润即可。尤其盆栽的海棠花，盆土以湿润偏干为好。但切忌盆土太干，否则根系吸收受阻，植株叶片脱水而干焦。

施肥

盆栽垂丝海棠，施肥不宜过多，宜薄肥勤施。生长季节，每月施一次腐熟饼肥水。秋季落叶后施一次堆肥或颗粒缓效化肥做基肥。

修剪

垂丝海棠自然生长情况下，分枝开展，树冠疏散，非常适于整剪成疏散分层形，整形带80~120厘米不等，3~4枝为一层，分层发展，主枝自下而上逐

渐减少。

繁殖

嫁接法：用海棠种子培育的实生苗做砧木，垂丝海棠的枝和芽做接穗。春天树液开始流动，在发芽前进行枝接，秋季在7~9月可芽接。

分株法：只需在春季3月间将母株根际旁边萌发出的小苗轻轻分离开来，另植在预先准备好的盆中，注意保持盆土湿润。

病虫防治

垂丝海棠常见虫害有角蜡蚧、苹果蚜等。

角蜡蚧：此虫的若虫和成虫专聚集在叶片、枝条上吸取花卉液汁，造成树势衰弱，影响花木的光合作用，加重危害程度。

防治方法：①结合修剪，剪去有虫枝，集中烧毁，减少越冬基数。②用竹片刮除或用麻袋片抹除虫体。③若虫期用25%亚胺硫磷乳油1 000倍液、49%氧化乐果乳油1 000倍液或80%敌敌畏乳油1 000倍液喷雾防治，7天一次。

苹果蚜：此虫群集在叶背及嫩梢上危害花卉。初期，叶片周缘下卷，以后由叶尖向叶柄方向弯曲、横卷，影响新梢生长和花芽分化。

防治方法：①在植株发芽前喷5波美度石硫合剂，杀灭越冬卵。②在蚜虫危害期，喷50%对硫磷乳油2 000倍液或50%西维因可湿性粉剂800倍液防治。

玉兰

别　名：	木兰、玉堂春、望春。
原产地：	中国。
习　性：	喜光，耐旱，抗寒，适宜肥沃、富含有机质、排水良好的土壤。
花　期：	2~4月。
特　色：	花白如玉、花香似兰，有很高的观赏价值，为名贵的庭院花木。

养护秘诀

栽植

栽植以早春发芽前10天或花谢后展叶前最为适宜。移栽时，根须要带着泥团，穴内要施足充分腐熟的有机肥做底肥。栽好后，封土压紧，并浇足水。

浇水

生长期间要常保持土壤湿润，遇到干旱天气应注意浇水，但不能积水，以防止烂根。入秋后应减少浇水，以利越冬。冬季一般不浇水，只有在土壤干时浇一次水。

施肥

玉兰喜肥，但忌大肥。施肥应多使用充分腐熟的有机肥，除了栽植时施一定量的基肥外，以后每年均要于早春和伏天再施肥，以促进开花和花芽分化。

修剪

玉兰枝干伤口愈合能力较差，一般不进行修剪，但为使株型美观，要对徒长枝、枯枝、病虫枝在展叶初期进行剪除。此外，花谢后，还应将残花剪掉，以免消耗养分，影响来年开花。

繁殖

玉兰的繁殖，常采用嫁接、扦插等方法。

嫁接法：通常砧木是用紫玉兰和玉兰的实生苗，方法有切接、劈接、腹接、芽接等。劈接成活率高，生长迅速，以晚秋时段嫁接为宜。

扦插法：扦插时间对成活率的影响很大，一般在6~7月进行，插穗以幼龄树的当年生枝成活率最高。

⁺病虫防治

玉兰常见虫害有蚱蝉、红蜡蚧等。

蚱蝉：要及时搜寻和灭杀刚出土的老熟若虫。如发生较多，可在树下地面喷洒50%辛硫磷800倍液，然后浅锄，可有效防治初孵若虫。

红蜡蚧：5%绿丹微乳剂900倍液，隔10天左右喷洒一次，防治3~4次。

玫瑰

别　名：徘徊花、赤蔷薇、海桂。
原产地：中国。
习　性：喜阳光，耐干旱，不怕寒冷，适宜疏松、肥沃、排水良好的潮湿沙质壤土。
花　期：4~5月。
特　色：适应性强，香味沁人心脾，花瓣具有美容功效。

养护秘诀

栽植

地栽前，选向阳、高燥、排水好的地块，挖穴定植，栽前穴内要施腐熟有机肥做基肥，栽后灌透水。盆栽用园土、腐叶土和沙土以5∶3∶2的比例配制培养土，同时掺入少量复合肥做基肥。栽好后，浇一次透水，放荫蔽处一周后再移至阳光下培养。

浇水

玫瑰耐旱、不耐涝，地栽玫瑰，平时一般不需浇水，只在早春和干旱季节适当浇一些即可。盆栽玫瑰，生长期保持盆土湿润，但切忌积水，否则会导致落叶，甚至死亡。

施肥

庭院地栽，1年要再施4次肥。2~3月施一次催芽肥；开花前和花谢后各施一次；入冬前再施一次越冬肥，量可稍多些。盆栽玫瑰，生长季宜每隔15天施一次腐熟的稀薄液肥。

修剪

修剪是养护玫瑰的重要环节，分为生长期修剪和休眠期修剪。生长期修剪是于花谢后及时剪除残花梗和病枝、纤弱枝；休眠期修剪是于早春发芽前每株留4~5个枝条，每枝留1~2个侧枝，每个侧枝上留2个芽短截。

繁殖

分株法：于春季和秋季进行。选生长健壮的玫瑰植株连根掘取，从根部将植株分割成数株，分别栽植即可。一般每隔3~4年进行一次分根繁殖。

扦插法：春冬两季均可进行。玫瑰的硬枝、嫩枝均可做插穗。硬枝插穗，一般在2~3月植株发芽前，选取二年生的健壮枝，截15厘米做插穗，下端涂泥浆插入插床。嫩枝扦插，宜在7~8月间，选当年生嫩枝做插穗，插入插床中。

病虫防治

玫瑰茎蜂：主要危害玫瑰的茎，造成枝条枯萎，甚至植株死亡。检查根茎髓部，发现有蛀道，可滴入1~2滴1%阿维菌素防治。若嫩枝条被虫害，要剪除销毁。

玫瑰中夜蛾：危害叶片，同时咬食花蕾和花。可用1%阿维菌素2 000~3 000倍液喷雾防治。

瑞香

别　名：瑞兰、千里香。
原产地：中国、日本。
习　性：喜半阴，忌强光暴晒，怕高温高湿，不耐寒，适宜肥沃、湿润、排水良好的酸性土壤。
花　期：2~3月。
特　色：花朵锦簇成团，花香清馨高雅，观赏价值很高，且易于栽养。

养护秘诀

栽植

　　培养土用园土、腐叶土和沙土以5：4：1的比例配制，栽前宜加少量的腐熟饼肥作为基肥。每2年翻盆换土一次，3月进行。

　　南方地区栽种可于春秋进行。栽种时，可在穴中施以堆肥作为基肥，但不要施过多。最好和其他乔灌木间种，夏季可提供林荫环境。

浇水

　　给瑞香浇水，春季花期过后，保持盆土湿润，不能缺水。夏季几乎处于休眠状态，掌握"宁干勿湿、少浇多喷"的原则。秋季孕蕾期，不可大水。

施肥

　　盆栽生长期每月施1~2次稀薄矾肥水，花期应增施一些磷、钾肥，花后以氮肥为主，以保证营养生长的需要。夏季停止施肥。地栽生长过程中施1~2次追肥即可。

修剪

瑞香具有较强的萌芽力且较耐修剪。通常情况下可以在其发芽前剪去那些密生的小枝，留出一定的空隙，以利通风透光。花谢后摘除残花的同时，剪除徒长枝、重叠枝、过密枝、交叉枝等影响树形美观的枝条，保持优美的树形。

繁殖

瑞香繁殖以扦插法为主，可在春、夏、秋三季进行扦插。春插在2~3月进行，选用一年生的粗壮枝条约10厘米，剪去下部叶片，保留上端2~3片叶即可，而后插入苗床；夏插在6~7月，秋插在8~9月，均选当年生枝条做插穗。插在河沙插床中，枝条插入1／3~1／2为宜，插后遮阴，保持土壤湿润，一般1~2个月后即可生根。

病虫防治

瑞香抗病性较强，偶有蚜虫、红蜘蛛危害。

瑞香根系有甜味，易招引蚯蚓，翻盆时要将盆土中的蚯蚓清除。

瑞香感染花叶病后，植株叶面会出现色斑及畸形，导致开花不良和生长停滞。

发现这种病毒感染，要连根挖出销毁。

山茶

别　名：茶花、耐冬花、曼陀罗树。

原产地：中国、日本。

习　性：喜半阴，怕干旱，喜湿润，怕积水，有一定耐寒能力，适合酸性土壤。

花　期：2~4月。

特　色：成活率高、繁殖速度快，花期长、花色美、树冠多姿、叶片亮绿。

养护秘诀

栽植

宜选用透气性好的泥盆。培养土用园土、腐叶土和沙土以4：3：3的比例配制。山茶根系脆弱，移栽时注意不要伤到根系。一般在开花后或9~10月进行换盆，小植株每隔1~2年、中株每隔2~3年换盆一次。换盆时剪去徒长枝、枯枝，换上肥沃的腐叶土。

浇水

用储存的雨水浇灌山茶最好，若用自来水，需在水中加入硫酸亚铁，配成0.1%~0.2%浓度的溶液。山茶根细小肉质，浇水过多或过少都不利于其生长发育。春秋季除下雨天外，每天可向叶面喷1~2次水，而夏季除了增加喷水次数，还要每天傍晚浇一次透水。到了冬季，每隔3~5天浇一次水，选择在上午10点前后浇水为宜。

施肥

山茶不喜大肥。基肥最好是用饼肥。施用时，可以将其腐熟晒干，碾成粉末，与5~6倍的干土混合，然后在翻盆装盆土时撒在离植株根部2~3厘米处。

山茶喜肥而忌热肥，开春以后追加肥，每隔10~15天浇一次稀释15倍的矾肥水。夏季高温季节停止施肥。

修剪

对于生长较快的直立性品种，应用"截短"的方法从上部修剪去1／3左右高度，并将中间遮挡光线的弱枝从根部剪除。对生长一般及生长较慢且自然形态较好的品种，只需剪短生长过快及影响美观的枝条，同时也应剪除病枝、弱枝。

繁殖

山茶繁殖可以采用扦插方式。以6月中下旬梅雨季节和8月上旬至9月初为宜。选择树冠外部、叶片完整、健壮的当年生半成熟枝为插穗，长度在4~10厘米。插于沙床中，扦插深度在3厘米左右。插后按紧沙土，并喷透水。之后每天向叶面喷雾数次，保持湿润，切忌阳光直射，6周后生根，可增加光照。

病虫防治

碳疽病：可用波尔多液或25％多菌灵可湿性粉剂1 000倍液喷洒防治。

红蜘蛛、介壳虫：可喷洒50％甲胺磷乳油1 000倍液、40％的氧化乐果乳油1 000倍液防治。

月季

别　名：胜春、月月红、四季花。
原产地：亚洲、欧洲。
习　性：喜阳光，怕炎热，较耐寒，喜湿润，也能耐一定程度的干旱。适合生长温度18℃~25℃。
花　期：春夏季皆开花。
特　色：花枝挺拔、支撑力强，花色鲜艳明亮，花期长久，易于栽养。

养护秘诀

栽植

　　月季喜欢富含有机质、疏松肥沃、通气性能良好的微酸性土壤。若排水不良或土壤板结会不利其生长。上盆前应将老根短剪，待其舒展后栽入新盆中，浇水放在荫蔽处缓苗。等到恢复生长后再移到阳光下培养。

浇水

　　月季浇水要把握"干透浇透"的原则。春、夏、秋三季宜在上午10点前浇水，冬季则在午后1~2点浇水。夏季浇水的水温要稍低于土温，冬季则应略高于土温。夏天高温干燥时还要向植株表面喷水来降温、保湿。

施肥

　　想让月季月月开花，就要不断施肥，保证充足的养分。施肥千万不要施生肥和浓肥，掌握"薄肥勤施"的原则，每5~6天浇施一次，开花前可追施一次加入适量磷酸二氢钾或过磷酸钙的稀饼肥水。夏季气温较高时或冬季气温较低时不宜施肥。

修剪

主要在冬春季修剪，每株均匀保留3~5个主干，每干长30~40厘米，截去顶部，保留5~6个芽子即可。春天发芽后，每个主干保留2~3个侧枝，多余的绿枝去掉。疏蕾，去掉侧蕾，保留主花蕾。花开后剪去残花、枯枝等。

繁殖

月季一般用扦插的方法繁殖，操作简单，成活率高。扦插宜在4~5月或9~10月进行。选择当年生、健壮无虫害的枝条剪取，长度为8~14厘米。剪去插穗基部的叶子及侧枝，保留上部1~2片叶子。

插穗削下后要立即插入盆中，深度为插穗长的1／3~1／2，然后将盆土浇透，再用塑料袋罩盖，放在阴凉处，天气干燥时要向叶面喷水。20天后可以逐渐增加光照，可适当浇点水。30天左右发现新叶长大变绿时，新根已经长出，即可上盆栽植。

病虫防治

月季常见的病害有白粉病、黑斑病、锈病等。其中白粉病是月季最易染患的病，症状是叶片表面生长出一层白色粉状物。此时要注意通风，增加光照，多施磷、钾肥，发病严重时可喷50％托布津可湿性粉剂500~800倍液。

春兰

别　名：	草兰、山兰。
原产地：	中国。
习　性：	喜阴，忌强光，喜凉爽、湿润，忌酷热，较耐旱，适宜富含腐殖质、排水良好的微酸性土壤，切忌碱性土壤。
花　期：	2~3月。
特　色：	属于春季中的名贵花卉，适应能力强，是我国历史最久的兰花之一。

养护秘诀

栽植

栽植春兰宜在秋末进行。栽植前宜选用高脚兰盆，盆壁和盆底有孔，便于排水。新瓦盆先用清水浸泡数小时后再用。培养土以兰花泥最为理想，或用泥炭土和沙壤土各半混匀使用，先在盆底垫上碎石子、炉灰渣，再铺一层粗沙，然后放入培养土栽植。

浇水

春兰较耐干旱，需水分不多，以经常保持盆土"七分干、三分湿"为好。一般情况下春季2~3天浇一次水，开花后宜保持盆土略湿；夏季高温，可每天浇一次水；秋季则宜见干见湿；冬季浇水宜少。春兰要求空气湿度大，要经常喷雾提高空气湿度。

施肥

春兰切忌施浓肥，新植春兰第一年不宜施肥，培育1~2年待新根生长旺盛时才可以施肥。一般从4月份起至立秋，每隔15~20天施一次充分腐熟的稀薄矾肥水。盛夏高温天气，停止施肥。

修剪

春兰一般不需修剪，只需适时剪除病弱残枝即可。

繁殖

春兰一般都采用分株法繁殖。选出健壮和生长旺盛的春兰植株，进行一次分株。分株可在清明或秋分前后进行。分盆前盆土要充分干燥，使根略有萎缩变软，否则根质脆硬，容易碰断受伤。分根时要找出2个假鳞茎相距较宽处剪开，每株根部应带根及新芽，才能长出新的植株。

病虫防治

春兰常见病虫害有白绢病、介壳虫。

白绢病：多发生于梅雨季节。应注意通风透光，盆土排水良好，发病后应去掉带菌盆土，撒上五氯硝基苯粉剂或石灰。

介壳虫：养春兰还要注意室内通风，否则易受介壳虫的危害。用小棉球蘸上食醋(米醋)轻轻地揩擦受害的茎、叶，可将介壳虫杀灭。此法方便、安全，又可使被害的叶片返绿，重现光亮。

金盏菊

别　名：长生菊、金盏花、常春花、黄金盏。

原产地：欧洲西部、地中海沿岸。

习　性：喜光，耐干旱，怕炎热，适宜疏松、排水良好的沙质壤土。

花　期：4~9月。

特　色：适应性很强，生长快，花色鲜艳夺目，花瓣有美容功效。

养护秘诀

栽植

金盏菊适应性强，容易栽培，培养土用肥沃的园土、腐叶土和沙土以2：2：1的比例配制。苗带宿土移栽就可。要放置在阳光充足处养护，花后要剪除残花，促使萌发新花枝。

浇水

金盏菊移栽初期要保持盆土湿润。成活后，盆土可偏干，以利于根系生长。整个生长期不宜过多浇水，经常保持盆土稍湿润即可。

施肥

金盏菊生长期，每15~20天施一次稀薄液肥。现蕾后，在浇施的肥水中加等量的600倍磷酸二氢钾液混合均匀，施1~2次，可以使花色更加鲜艳夺目。

修剪

一般盆栽的金盏菊，是需要进行修剪的，因为一般进行盆栽，会在一个花盆当中种植多株，密度很大，随着生长枝叶就会变多，变得拥挤，由此会导致的就是通风、透光的条件变差，植株容易染病，甚至会出现残花，或者植株攀高的现象，影响金盏菊的观赏，最好是要修剪。修剪的时候可以采取疏枝、控花和剪果等方法。

繁殖

金盏菊以播种繁殖为主。播种一般在9月下旬至10月初进行。苗长出3~5片叶时定植。要施足基肥，生长期不宜过多浇水，保持土壤湿润即可。冬季不必防寒，置于室内向阳处即可。

病虫防治

红蜘蛛、蚜虫：可用1%阿维菌素2 000~3 000倍液防治。

锈病：初夏气温升高时，金盏菊叶片常发生锈病危害，用50%萎锈灵可湿性粉剂2 000倍液喷洒。

鸢尾花

别　名：蓝蝴蝶、扁竹花。
原产地：中国、日本、法国。
习　性：喜温暖，耐寒性强，怕水渍，适宜排水良好、适度湿润的土壤。
花　期：4~5月。
特　色：叶片碧绿青翠，花形奇特、色彩丰富，宛若翩翩彩蝶。

养护秘诀

栽植

　　鸢尾花对环境适应性较强，容易栽培养护。培养土可用园土、泥炭土和沙土混合配制。栽前加少量饼肥、骨粉作为基肥。栽植深度，若在排水良好的沙质土壤中，根茎顶部可略低于土面约5厘米；若在黏质土壤中栽植，根茎顶部则要略高于土面。

浇水

　　鸢尾花刚栽种时要浇透水，以后少浇水，保持盆土偏干，待芽出土后再浇水，保持盆土稍湿润。开花时及开花后不能缺水。夏季进入休眠期要使盆土偏干。

施肥

　　盆栽初期可以不施肥，恢复生长后每15天左右施一次腐熟的稀薄饼肥水。花后施复合肥液2次，以利于球茎的营养积累。

修剪

鸢尾花属于草本开花植物，6个花瓣状的叶片构成包膜，由3个或6个雄蕊和由花蒂包着的子房组成。一般不需修剪，只需适时剪去已枯萎的叶子即可。

繁殖

鸢尾花常采用分株法繁殖。分株在早春、晚秋或花后进行，一般2~3年分株一次。将老株挖出，用刀分割，每块根状茎要保留2~3个芽，插于湿沙中，温度保持在20℃，20~30天即可生根。

＋病虫防治

鸢尾花常见的病害有白绢病、鸢尾锈病和鸢尾叶斑病。

白绢病：用50％托布津可湿性粉剂500倍液浇灌。

鸢尾锈病、鸢尾叶斑病：用1∶160波尔多液喷洒2次。

豆金龟子：鸢尾花常见虫害，主要危害叶片和花瓣，可人工捕杀。

三色堇

别　名：蝴蝶花、人面花、鬼脸花。
原产地：欧洲。
习　性：喜凉爽，忌炎热，较耐寒，生长适合温度
　　　　为15℃~20℃，适宜富含有机质、疏松肥沃
　　　　的土壤。
花　期：4~6月。
特　色：适应性强、易于栽养，具有美容护肤功效。

养护秘诀

栽植

　　盆栽三色堇，一般在幼苗长出3~4片叶时就要移栽上盆。移植时需带土球，否则不易成活。幼苗上盆后，先要放于阴凉处缓苗1周，再移至向阳处养护。除正常浇水、施肥外，还要进行松土。

浇水

　　三色堇怕干旱，也怕水涝。浇水掌握"见干见湿"的原则。整个生长期均需保持土壤湿润偏干，切忌大水、过湿。冬季气温较低时应减少盆土水分。

施肥

三色堇较喜肥，但对肥料要求不高。一般成活后追施腐熟的稀释10倍饼肥水。生长旺季，每月施3~4次富含磷、钾的复合液肥。

修剪

三色堇是堇菜科堇菜属的一年或多年生草本植物。一般不需修剪，只需适时剪去已枯萎的叶子即可。

繁殖

三色堇繁殖多采用播种法。因其种子发芽最适宜温度为15℃~20℃，所以播种一般以9月为好。

也可采用扦插法繁殖，扦插于3~7月进行，剪取植株中心根茎处萌发的短枝做插穗较好，开花枝条不能做插穗。扦插2~3周后即可生根。

病虫防治

三色堇生长期间，有时会发生蚜虫危害，可喷洒10%一遍净1 500倍液灭杀。

杜鹃

别　名：山踯躅、山石榴、映山红。
原产地：中国。
习　性：喜湿润，怕干旱，忌水涝。在酸性土壤中
　　　　生长较好，忌碱性及黏性土壤。
花　期：4~6月。
特　色：种类繁多，花色绚丽，花叶兼美，地栽、
　　　　盆栽皆宜。

养护秘诀

栽植

长江以北均以盆栽观赏。盆土用腐叶土、沙土、园土以7：2：1的比例配制，掺入饼肥、厩肥等，拌匀后进行栽植。一般春季3月上盆或换土。长江以南地区以地栽为主，春季萌芽前栽植，地点宜选在通风、半阴的地方，土壤要求疏松、肥沃，含丰富的腐殖质，以酸性沙质壤土为宜，并且不宜积水，否则不利于杜鹃正常生长。栽后踏实，浇水。

浇水

栽植和换土后浇一次透水，使根系与土壤充分接触，以利根部成活生长。生长期注意浇水，从3月开始，逐渐加大浇水量，特别是夏季不能缺水，经常保持盆土湿润。

施肥

生长旺季，应薄肥勤施。

修剪

蕾期应及时摘蕾，使养分集中供应，促花大色艳。修剪枝条一般在春秋季进行，剪去交叉枝、过密枝、重叠枝、病弱枝，及时摘除残花。整形一般以自然树形略加人工修饰，因树造型。

繁殖

常绿杜鹃类最好随采随播，落叶杜鹃亦可将种子储藏至翌年春播。气温15℃~20℃时，约20天出苗。一般于5~6月间选当年生半木质化枝条做插穗，插后设棚遮阴，在温度25℃左右的条件下，1个月即可生根。西鹃生根较慢，约需60~70天。西鹃繁殖采用嫁接较多，常行嫩枝劈接，嫁接时间不受限制，砧木多用二年生毛鹃，成活率达90%以上。

⁺病虫防治

褐斑病：可用800倍托布津可湿性粉剂或等量式波尔多液防治。

冠网蝽、红蜘蛛：可喷洒40%氧化乐果乳油1 500倍液灭杀。

顶芽卷叶虫：主要靠人工捕捉杀死。

紫罗兰

别　名：草桂花、草紫罗兰。
原产地：地中海沿岸。
习　性：喜冷凉，忌闷热，生长适宜温度15℃~18℃，
　　　　适于通风良好的环境和肥沃、湿润的土壤。
花　期：4~5月。
特　色：花朵茂盛、花序颀长、花色鲜艳、香气浓
　　　　郁，很适合盆栽观赏。

养护秘诀

栽植

紫罗兰喜肥沃深厚、排水良好的沙质土壤。可用园土、腐叶土、河沙以5：3：2的比例配制培养土。栽植不可过密，否则会因通风不良引起病虫害。

浇水

紫罗兰喜湿润的土壤，但又怕水渍，一般见土表面干燥发白应该立即浇水。除冬季应偏干外，整个生长季节均应保持土壤的湿润。

施肥

紫罗兰较喜肥，生长季节每隔10天施一次，可用含氮、磷、钾的复合肥料，浓度为0.1%。冬季和花期要停止施肥。对于高大品种，开花后宜剪去花枝，再追施稀薄液肥1~2次。

修剪

定植15~20天后摘心，促发侧枝，每株保留3~5个侧枝，花开过后，应将残花剪去，这样能再抽枝开花。

繁殖

紫罗兰以播种繁殖为主。一般在9月中旬播种。播前盆土宜较潮润，播后盖一层薄细土，不用再浇水，在半月内若盆土干燥，可将花盆放于水中，至盆1／2处即可，让水分从盆底渗入。播种后要注意遮阴，15天左右即可出苗。

病虫防治

紫罗兰主要病害有枯萎病、黄萎病。

枯萎病： 主要症状是植株变矮、萎蔫，在较大的植株上引起叶片下垂。防治此病，可用50％多菌灵可湿性粉剂500~1 000倍液灌根2次。土壤可用1 000倍高锰酸钾稀释液消毒。

黄萎病： 症状为植株下部叶片变黄、萎蔫，病株严重矮化。防治办法同紫罗兰枯萎病。

四季海棠

别　名：秋海棠、瓜子海棠。
原产地：巴西。
习　性：忌高温，不耐寒，怕干燥，也怕积水，适宜富含腐殖质、疏松的微酸性沙质土壤。
花　期：12月至翌年5月。
特　色：花期长久，开花多而密集，且株型圆整，很适合居室和花坛栽培。

养护秘诀

栽植

盆栽宜在春秋季上盆培养，培养土可用园土、腐叶土和沙土以2∶2∶1的比例配制。出现5~6片真叶时，需进行摘心，以促进分枝。

浇水

四季海棠喜欢湿润的空气，生长季节为保证有较高的空气湿度，应经常向叶面和盆株四周喷水。浇水要见干见湿，不能使盆土经常过湿，更不能积水。如果盆土长期过湿，会引起烂根，甚至整株死亡。

施肥

四季海棠上盆半个月后，可施一次腐熟的清淡饼肥水，以后生长期每20天左右施一次，花蕾出现后要减少氮肥而增施磷、钾肥。花谢后要及时打顶摘心，促使萌发分枝、压低株型。待新枝萌发时再施追肥。

修剪

四季海棠属肉质草本，根纤维状；茎直立，肉质，无毛，基部多分枝，多叶。一般情况下不需修剪，只需适时摘除枯萎叶子即可。

繁殖

四季海棠繁殖可采用扦插法。以春秋两季为好。插穗宜选择基部生长健壮枝的顶端嫩枝，长8~10厘米。扦插时，将大部分叶片摘去，插于清洁的沙盆中，保持湿润，并注意遮阴，15~20天即可生根。根长至2~3厘米长时，即可上盆培养。

病虫防治

四季海棠常见的虫害是卷叶蛾。以幼虫食害嫩叶和花。少量发生时可以人工捕捉，严重时可用1%阿维菌素2 000~3 000倍液防治。

马蹄莲

别　名：水芋、观音莲、慈姑花。
原产地：非洲南部。
习　性：喜温暖，生长适合温度15℃~25℃，不耐寒，宜半阴，喜潮湿，适宜疏松、肥沃的土壤。
花　期：2~4月。
特　色：可盆栽也可水养，置于透明的花瓶中，颀长碧绿的叶柄与独特的花形极具观赏价值。

养护秘诀

栽植

马蹄莲盆栽宜选排水良好、肥沃的沙质土壤。于早春第一次开花后或秋季，挖取母株根茎四周萌发的芽球，单独栽入盆中。栽好后，浇足水，放于遮阴处，保持盆土湿润。

浇水

马蹄莲浇水过少、过多都不宜。生长期要经常保持盆土湿润，并且早晚用水喷洒花盆周围地面，5~7月进入休眠期要少浇水。最好每个星期用海绵蘸水揩抹一次叶面，以保持叶片清洁。

施肥

马蹄莲生长期内，每隔20天左右追施一次液肥，可用腐熟的豆饼肥水；生长旺季每隔10天增施一次氮、磷、钾混合的稀薄液肥。施肥时忌将肥水浇入叶鞘内，以免引起腐烂。进入休眠期后要停止施肥。

修剪

马蹄莲叶子繁茂时应及时疏叶，加强通风透光以利花梗抽出。3~4月为开花盛期，花谢后要及时剪掉残花，以免消耗养分。

繁殖

马蹄莲繁殖以分球繁殖为主，休眠期剥离块茎四周小球另行分栽即可。大约2年培育就可开花。

病虫防治

蚜虫： 生长季节通风不良时，最易发生蚜虫危害。可喷10%一遍净1 000~2 000倍液防治。

叶枯病： 多发生在叶片主脉两侧。发病初期可喷洒50%速克灵2 000倍液进行防治。

郁金香

别　名：洋荷花、草麝香。
原产地：土耳其、地中海沿岸。
习　性：喜向阳或半阴的环境，对日光敏感，花朵昼
　　　　开夜闭，冬季喜湿耐寒，夏季喜凉爽干燥。
花　期：3~5月。
特　色：姿态独特，花色艳丽，被誉为"花中皇
　　　　后"，适合盆栽和庭院地栽。

养护秘诀

栽植

郁金香可在秋季上盆，每盆栽4~5个种球。盆土用一般的培养土即可。栽植时注意覆土不可过厚，让鳞茎的顶端和盆土的表面平齐，栽好后浇一次透水。

浇水

郁金香喜湿润偏干的土壤，怕水渍。要掌握"气温低少浇水，气温高多浇水"的原则。当气温升高、出现花蕾后要勤浇水，空气干燥时还要向叶面和地面喷水，以增加空气湿度。

施肥

郁金香喜肥，嫩芽刚出土展叶时，可施一次腐熟的稀薄饼肥水或复合肥料。现蕾初期至开花前，应施2~3次上述肥料，可使花苗健壮、花大色艳。

修剪

郁金香，百合科郁金香属的草本植物。一般情况下不需修剪，只需适时摘除枯萎叶子即可。

繁殖

郁金香繁殖以分球繁殖为主，母球当年开花形成的新球和子球，可于秋季分栽。新球栽植不可过深，覆土厚度达球高2倍即可。

⁺病虫防治

郁金香栽培期间易受白绢病、碎色病的危害。

白绢病： 此病危害郁金香的幼苗和鳞茎，致使外部的鳞片发生软腐，并在病部生出白色菌索或茶褐色小菌核。栽种前进行土壤消毒，发现有病株要立即拔除，并用80%代森锌可湿性粉剂500倍液喷洒其余植株。

碎色病： 此病由病毒引起，郁金香受害后，花瓣上有浅黄色、白色条纹或是不规则斑点，叶片出现颜色较淡的斑纹或条纹，有的局部叶绿素褪色呈透明状。可喷10%一遍净1 500倍液进行防治。

洋甘菊

别　　名：罗马洋甘菊、德国洋甘菊。
原产地：欧洲。
习　　性：喜肥，喜湿润，怕涝，耐干旱，一般的土壤
　　　　　均可生长。
花　　期：3~5月。
特　　色：约30厘米高，中心黄色，花瓣白色，叶片略
　　　　　为毛茸茸的。

养护秘诀

栽植

播种前先将土壤浇湿。洋甘菊种子细小，覆土需浅。7~10天后种子可发芽，幼苗长出5~6片真叶时需定植。定植时在盆底放基肥，可用腐叶土与石灰混拌作为基肥。为了避免肥料直接接触到幼苗根部，肥料上要覆盖新土，覆土后的土壤高度以达盆器的1／2为宜。将幼苗植入盆器中央，从幼苗的周围向盆内填土，待盆器八分满时即可。勿用手按压盆土，可轻轻拍打盆器边缘，使土壤平均分散，以保持土壤的通风透水。

浇水

洋甘菊虽然较耐干旱，但是在其发芽期和生长期需浇足够的水。待土壤表面稍干时，就要为其浇水，浇到盆底流出水为止。夏天每天为洋甘菊浇2次水，浇水时间最好选择在早晨或傍晚土壤温度下降后。洋甘菊不耐炎热和干燥，因此在夏天培植洋甘菊，土壤不能干涸。

施肥

生长期每月施肥一次，肥料要控制用量，否则洋甘菊的花期会推迟。其他时间2~3个月施肥一次即可。

修剪

洋甘菊生长得过于茂盛时要修剪掉一些枝叶，以免因通风不畅，导致整株死亡。

繁殖

洋甘菊主要是种子播种，因为洋甘菊喜欢冷凉环境，所以比较适合秋播，翌年的3~5月为开花期。

种植洋甘菊以日照充足、通风良好、排水良好的沙质壤土或土质深厚、疏松的壤土为佳。9月秋播，发芽适温15℃~18℃，播后7~10天发芽，发芽整齐。

洋甘菊幼苗期温度不宜过高，以13℃~16℃为宜，并注意及时间苗，苗高10厘米时定植于10厘米盆。生长期每月施肥一次，控制用量，否则花期推迟，平常要多维持通风良好，以免滋生蚜虫，花后剪除地上部，有利基生叶的萌发。

病虫防治

叶斑病、茎腐病：可用65%代森锌可湿性粉剂600倍液喷洒叶片，能有效防治。

盲蝽、潜叶蝇：可用25%西维因可湿性粉剂500倍液喷杀。

紫荆花

别　　名：红花羊蹄甲、洋紫荆、红花紫荆、艳紫荆。
原产地：中国。
习　　性：喜欢光照，有一定的耐寒性。
花　　期：3~5月。
特　　色：终年常绿，繁英满树，颇耐烟尘，特别适合
　　　　　做行道树。

养护秘诀

栽植

在春末夏初剪下长约10厘米的1~2年生健壮的枝条做插穗，下口需斜着剪，上口需剪得平正整齐，并把枝条上的小花除掉。将插穗插在培养土中，插后浇足水并令基质维持潮湿状态，温度控制在20℃~25℃，放在半荫蔽的地方养护，非常容易长出根来。移植时要适度带上土坨，以便于紫荆花的存活。种植前要在土壤里施进适量的底肥，种好后要及时浇水。

浇水

新种植的植株存活之后，在5~7月气候干旱的时候要对其浇2~3次水。秋天要控制浇水的量和次数。在雨季要留意尽早排出积水，防止植株遭受涝害。

施肥

在植株的生长季节要追施1~2次浓度较低的液肥，在开花之后则可以对其补施液肥一次。

修剪

定植之后，在春天植株发芽之前可以适度进行修剪。夏天要及时对侧枝采取

摘心整形措施，以令植株形态不松散。在植株开花之后可以进行轻度修剪，修整植株形态，剪掉一些枯老的枝条，以促使其尽快分化花芽。

繁殖

紫荆花的繁殖主要有扦插和嫁接两种方法。

扦插法：繁殖是在3~4月间，选择一年生健壮枝条剪至10~12厘米，并带有3~4个节，插穗下部叶片剪去，仅留顶端两个叶片插入沙床中。插后及时喷水，用塑料膜覆盖。在气温18℃~25℃条件下，约10天可长出愈伤组织，50天左右便可生根、发芽。成活约1年后，苗木即可达1米左右，于翌春移栽于圃地培育。

嫁接法：繁殖是采用阔裂叶羊蹄甲、白花羊蹄甲、琼岛羊蹄甲等为砧木，进行高位芽接。嫁接的时期在春季4~5月或秋季8~9月苗木未抽新芽前进行。

病虫防治

紫荆花的幼苗容易患立枯病，用硫酸铜液喷洒就能有效防治。

风信子

别　名：洋水仙、五色水仙。
原产地：欧洲南部、非洲南部。
习　性：喜阳，耐寒，适合生长在凉爽湿润的环境。
花　期：3~4月。
特　色：有滤尘作用，花香能稳定情绪，消除疲劳。
　　　　花除供观赏外，还可提取芳香油。

养护秘诀

栽植

　　将种头种入盆内，然后盖上培养土，栽植深度一般为5~7厘米。栽种后要浇透水，保持土壤湿润，同时要注意增施磷、钾肥。经过4个月左右即可开花，此后正常养护即可。

浇水

　　在风信子生长期需要不断浇水，每天浇一次。平时每3~4天浇一次水，要经常保持盆土湿润。

施肥

风信子不喜肥，盆栽风信子只需于开花前后各施1~2次稀薄液肥即可。

修剪

风信子花期过后，要把枯萎的花剪掉，注意叶子不能剪。

繁殖

风信子繁殖，最好用土培，并且需要一个温暖的环境，这种温暖的环境持续的时间越长，越有利于风信子生长发育，保证叶片不至于提前衰老，而导致无法储蓄足够的营养，进而致使无法繁殖小球。还可以选择将开过花的种球剪掉残花，继续培养，但叶片万万不可摘除，并需要充足的日照，即使不繁殖小球，第二年也有一定概率开花。

病虫防治

风信子易患花叶病，通常是由蚜虫侵害所致。该病表现为初期叶片产生条斑和斑块，严重时叶子黄化、扭曲，植株矮小，种球变小。防治时应加强对蚜虫等媒介昆虫的防治，效果才会好。

海桐

别　　名：留春树、山桂花。
原产地：尼泊尔、不丹。
习　　性：对气候的适应性较强，能耐寒冷，亦颇耐暑
　　　　　热。
花　　期：2~3月。
特　　色：叶光洁浓密，萌芽力强，耐修剪，易造型，
　　　　　广泛用于灌木球、绿篱及造型树等。

养护秘诀

栽植

10~11月将种子播种在培养土里。播后盖上厚10厘米左右的土，次年春天便可萌芽。一般于春天3月前后开始移栽，移栽时要带着土坨。通常每年春天更换一次花盆，成龄植株每2~3年更换一次花盆。

浇水

春天和秋天每日浇一次水，并要时常朝叶片表面喷洒清水，以增加空气湿度。冬天要注意掌控浇水，以每周浇一次水最为适宜。

施肥

海桐长得比较迅速，生长季节可以每月施用1~2次肥料。花期前后分别施用浓度较低的饼肥水一次。冬天则不需要再施用肥料。

修剪

从幼苗期便应进行修剪整形，对植株打顶，促使其萌生侧枝，可以把树冠修剪为圆球形供欣赏。春天要将纤弱枝、稠密枝、徒长枝、病虫枝及干枯枝等剪掉，以令植株形态整齐匀称，改善通风透光条件，降低病虫害的发生率。

繁殖

播种繁殖，在长江中下游地区，10月份果实由青转黄开裂时即可采种。种子采收后用草木灰水或碱水浸泡，搓去黏胶，随即播种。可开沟点播，行距20~25厘米，株距3~5厘米，覆土1~1.5厘米。播后覆盖稻草保墒防冻，翌春可发芽。若春播，需将种子用草木灰水或碱水浸泡，搓去黏胶，用清水洗净，放阴凉通风处储藏，切不可在强光下暴晒，翌春播入苗床，约60~70天发芽。幼苗期喜阴，需搭棚遮阴，注意间苗及其他管理，9月停止施肥，并拆除遮阴棚。当年苗高可达15厘米，留床或分栽。如培养海桐球，应自小苗开始即整形。

病虫防治

海桐经常发生的虫害为介壳虫及红蜘蛛危害，可以分别用狂杀蚧800~1 000倍液及40％氧化乐果乳油1 000倍液喷施来防治。

花叶芋

别　名：彩叶芋、二色芋。

原产地：南美洲。

习　性：喜高温、多湿和半阴环境，不耐寒。

花　期：3~5月。

特　色：叶片翠绿，叶子中间会有红色、白色斑点或彩色叶脉，似锦如霞，经常作为室内观叶植物。

养护秘诀

栽植

选取1~2块优质的块茎，将盆土放入花盆中，植入块茎，不必太深。植入块茎后马上浇水，并令土壤维持潮湿状态。

浇水

6~9月是花叶芋生长的鼎盛期，要保证浇水充足，并时常令盆土维持潮湿状态，然而不可积聚太多水，以防止块茎腐坏。进入秋天之后，植株渐渐步入休眠状态，要减少浇水量和浇水次数，令盆土维持稍干燥状态就可以。

施肥

花叶芋的生长时期是6~10月，施用肥料时谨记"薄肥勤施"，要每个月施用2~3次浓度较低的液肥，氮肥、磷肥和钾肥配合着施用。

修剪

在平时养护期间，如果看到叶片发黄或向下低垂，应马上摘掉，以促进植株萌生新的叶片，有利于植株保持整齐、洁净、漂亮。

繁殖

花叶芋可用分株或分球法进行繁殖。全年均能分株，但以冬季休眠后、春季叶片未萌发前分球为佳。将母球四周着生的小球，用刀片切离，阴干1天后栽植。亦可将母球切块，每块均带有芽眼，阴干1天后栽植，切面要光滑，有利于伤口愈合发根成苗。

病虫防治

花叶芋的病害主要为干腐病及叶斑病。

干腐病：花叶芋的块茎在储藏期间容易患干腐病，使用50%多菌灵可湿性粉剂500倍液浸泡或喷粉能有效预防。

叶斑病：花叶芋在舒展叶片期间，容易患叶斑病，用50%托布津可湿性粉剂700倍液喷施防治。

含笑

别　名：香蕉花、笑梅。

原产地：中国。

习　性：喜温湿，不甚耐寒，适半阴，宜酸性及排水良好的土质。

花　期：3~4月。

特　色：花形小，呈圆形，花瓣6枚，肉质淡黄色，边缘常带紫晕，花香袭人，有香蕉气味，花常不开全，有如含笑之美人。

养护秘诀

栽植

在花盆底部铺上一层薄瓦片，扣住排气孔，再放入一层约1厘米厚的粗沙或碎石子。将含笑的幼苗放在盆中央，把土壤逐次放入盆中，并加以摇动，使根系与土壤密切接合，轻轻压实，注意盆土距盆沿应留有约2厘米的

距离。入盆后需浇透水分，置于阴处3~5天后，才能让其逐渐见弱光。

浇水

在上盆后应浇透水一次，日后伴随着气温增高及生长变快，浇水的量与次数也要渐渐增多。

施肥

每隔7~10天施用浓度较低的饼肥水一次，肥料要完全腐熟。施用肥料的总原则为：春天和夏天植株生长势强，可以多施用肥料；秋天植株长得很慢，宜少施用肥料；冬天植株步入休眠或半休眠状态，则不要再施用肥料。

修剪

在花朵凋谢后若不保留种子，应尽早把幼果枝剪除，以降低营养成分的损耗量。

繁殖

含笑可通过压条、扦插、嫁接和播种等方法繁殖。本处主要介绍压条法。

压条在含笑生长期的任何时候都可进行。但以4月份最为合适，选取大小适当、发育良好、组织充实健壮的2年生枝条，长15~20厘米，在选好的包土发根部位，做宽度0.5~1厘米的环状剥皮，深达木质部，并涂以浓度为每升40毫克左右的萘乙酸，然后在环剥处套上大小适宜的塑料袋，下端扎实，在袋内填实苔藓和培养土或吸足水分的蛭石，上端留孔，以利灌水和通气。在养护期间，注意经常往袋内浇些水，保证一定湿度，切不可干涸（但又不能积水或太湿）。约经2个月的时间即可发根。待新根充分发达后，即可将幼株切离母株，另行上盆栽植。

病虫防治

叶枯病：含笑患上叶枯病时，应尽早把病叶剪除并焚毁，彻底断绝侵染源，并喷洒50%托布津可湿性粉剂800~1 000倍液。

立枯病：含笑患上立枯病后，需使用0.5%波尔多液喷施植株的茎叶，喷完后用清澈的水冲洗植株。

介壳虫：如情况不严重，可以人力用刷子刷掉；当处于幼虫孵化期时，喷施40%氧化乐果乳油2 000倍液即可灭除。

丁香

別　名：丁子香、洋丁香。
原产地：印度尼西亚。
习　性：喜光，也耐半阴、耐寒、耐旱，以排水良好、疏松的中性土壤为宜。
花　期：4~5月。
特　色：具有独特的芳香、硕大繁茂的花序、优雅而调和的花色、丰满而秀丽的姿态，在观赏花木中享有盛名。

养护秘诀

栽植

在花盆底部铺一层粗粒土，作为排水层，然后置入部分土壤。将丁香的幼苗置入花盆中，继续填土，轻轻压实，浇透水分。上盆后放置于阴凉处数日，然后再搬到适当位置正常养护。

浇水

丁香喜欢潮湿，怕水涝，通常不用浇太多水。4~6月气温较高、气候较干，是丁香生长势强及开花繁密茂盛的一个时间段，需每月浇透水2~3次，以满足植株对水分的需求。11月中旬到进入冬天之前应再浇3次水，以保证植株安全过冬。

施肥

丁香需肥量不大，不需对其施用太多肥料。通常每年或隔年开花后施用一次磷、钾肥和氮肥就可以了。

修剪

春天通常于芽萌动之前对丁香修剪整形，包括剪掉稠密枝、干枯枝、纤弱枝

和病虫枝等，同时适当留存更新枝。夏天修剪枝条应采取短截措施，以促使植株加快生长。

繁殖

丁香的繁殖有多种方法，如播种、扦插、嫁接、分株、压条等方法，本处着重介绍播种法和扦插法。

播种法：丁香可以进行播种，以获得大量的丁香树。丁香播种一般在春季进行，播种前将种子浸泡在水中1~2天，捞出后放在沙土中催芽，保持土壤湿润。一周之后播种，盖上1厘米左右的土壤，一个月后幼苗就会发芽。

扦插法：选择1~2年生的健壮枝条做插穗，直接插于土壤中，让其慢慢生根形成新植株。通常会在花谢后的1个月进行扦插，控制温度在25℃左右，30~40天即可生根，当幼根由白色变成黄褐色时，就移植成功了。

病虫防治

丁香的病虫害非常少，常见的是蚜虫、刺蛾和袋蛾危害，发病时皆可喷施25%亚胺硫磷乳油1 000倍液或40%氧化乐果乳油800~1 000倍液。

紫藤	别　名：藤萝、朱藤、黄环。 原产地：中国。 习　性：较耐寒，能耐水湿及瘠薄土壤，喜光，较耐阴。 花　期：4~6月。 特　色：紫藤为长寿树种，成年的植株茎蔓蜿蜒屈曲，开花繁多，串串花序悬挂于绿叶藤蔓之间，瘦长的荚果迎风摇曳，别有韵致。

养护秘诀

栽植

将紫藤的种子用热水浸泡一下，待水温降至30℃左右时，捞出种子并在冷水中淘洗片刻，放置一昼夜。然后将种子埋入盆土中，浇透水一次。

当紫藤长到一定高度的时候，盆栽便不合适了，应种植在庭院里，为其搭设一个棚架或放置在围墙边，让其慢慢生长。

浇水

在雨季要勤加察看，防止盆里积聚太多的水。秋天以让盆土"见干见湿"为宜，避免植株萌生秋梢，影响其安全过冬。

施肥

紫藤嗜肥，在生长季节需勤施肥料，通常每15~20天施用一次浓度较低的腐熟的饼肥水或有机液肥就可以。

修剪

盆栽紫藤在生长季节一定要经常除芽、摘心，以防止植株长得太大，每年新生枝条长至14~17厘米时应进行一次摘心，开花后还可以进行一次重剪，并尽早将未落尽的花剪掉，以免耗费养分。

繁殖

紫藤可用播种、分株、压条、扦插、嫁接等方法繁殖，但一般以播种繁殖为主。

播种法：播种育苗的植株根系发达，抗性强，但实生苗需要经历较长童期才能开花。秋季紫藤果实成熟后采种，并将种子晒干储藏。翌春播种前用80℃热水浸种24小时，捞出种子堆放1天，点播于土中。床播或大田式播种均可。

病虫防治

紫藤易生蚜虫。发生初期，仅有少数嫩梢有蚜虫密集危害时，用手摘除即可；如果病患比较严重，则需喷施40%氧化乐果乳油1 500倍液或20%灭扫利乳油3 000倍液。

榆叶梅

别　名：小桃红。

原产地：中国。

习　性：喜光，稍耐阴，耐寒，能在-35℃下越冬。对土壤要求不严，以中性至微碱性且肥沃土壤为佳。

花　期：3~4月。

特　色：因其叶片像榆树叶，花朵酷似梅花而得名。枝叶茂密，花繁色艳，宜植于公园、路边，或庭院中的墙角、池畔等。

养护秘诀

栽植

选取质地较好的榆叶梅幼枝，剪为长约20厘米的小段。先在盆底放入2~3厘米厚的粗粒土作为滤水层，然后在盆中放置2／3的土壤，松软度要适中。把榆叶梅幼枝斜向插进土里，深度为10~15厘米即可，并让上面露出土壤表面一点儿。最后再埋土并镇压结实，然后浇足水，放置阴凉通风处。

浇水

每年春季干燥时要浇2~3次水，其他季可不浇水。

施肥

每年的5月份或6月份可施追肥1~2次，以促使植株分化花芽。肥料可以用氮、磷、钾复合肥，如果同时施用一些腐熟发酵的厩肥则效果更好。

修剪

在花谢后可以对枝条进行适度短剪，每根健壮的枝条上留3~4个芽即可。夏天应再进行一次修剪，并进行摘心，使养分集中，促使花芽萌发。

繁殖

榆叶梅可采用嫁接、分株、压条、扦插、播种等方法进行繁殖。其中采用嫁接及分株方法繁殖为多。

嫁接法：嫁接法有芽接和枝接两种，一般用芽接较多。芽接在8月中下旬进行为宜。砧木可用一年生的榆叶梅实生苗，或用野蔷薇类植物、毛桃、山桃实生苗均可。接芽可从优良品种的植株上，选择剪取一年生枝条上的饱满叶芽备用。枝接应在春季2~3月进行。接穗要在植株萌芽前截取。冬季也可截取接穗，储藏在沙土中，留待春季使用。

分株法：分株法可在秋季和春季土壤解冻后植株萌发前进行。分株后的植株，应剪去1/3~1/2枝条，以减少水分蒸发，这样有利于植株成活。

病虫防治

榆叶梅易患黑斑病，治疗时可喷洒50%多菌灵可湿性粉剂600倍液，或80%代森锰锌可湿性粉剂500~700倍液。

紫花苜蓿

别　名：紫苜蓿、牧蓿、苜蓿、路蒸。
原产地：外高加索地区、伊朗。
习　性：喜干燥、温暖、多晴天、少雨天的气候和高燥、疏松、排水良好、富含钙质的土壤。
花　期：5~7月。
特　色：单株分枝多，茎细而密，叶片小而厚，叶色浓绿，花深紫色，花序紧凑。

养护秘诀

栽植

紫花苜蓿的种子硬度较高，因此在播种前应将它用50℃~60℃的温水浸泡15分钟到1个小时。将种子植入装有土壤的花盆中，轻轻压实，浇足水分。紫花苜蓿苗期生长缓慢，要1~2个月，需耐心照料，勤浇水，等待幼苗长出。

浇水

夏季炎热，浇水应频繁，每天至少1~2次。冬季应减少浇水次数，每日一次或隔日浇一次水即可。

施肥

紫花苜蓿长有根瘤，可给根部供应氮素营养，所以普通地力条件下不主张施用氮肥。为了保证其正常生长，可以施用适量的钾肥和磷肥。

修剪

紫花苜蓿一般情况下不需修剪，但要防止杂草过多，如菟丝子，对紫花苜蓿

危害严重，可以选择定期除杂草。

繁殖

紫花苜蓿的繁殖方法主要为播种，分为春播和秋播。种子播种前要晒种2~3天，然后在土地上撒播。播种后适当镇压，以利于种子吸水出苗。

病虫防治

紫花苜蓿的病害主要有苜蓿锈病、褐斑病、霜霉病等。

苜蓿锈病： 可以喷施15％粉锈宁可湿性粉剂1 000倍液。

褐斑病： 发病之初可喷施75％百菌清可湿性粉剂600倍液。

霜霉病： 可喷施58％甲霜灵锰锌可湿性粉剂500倍液或70％乙膦铝锰锌可湿性粉剂500倍液。

蒲葵

别　　名：扇叶葵、葵树、华南蒲葵。
原产地：中国南部。
习　　性：喜温暖湿润的气候条件，不耐旱，能耐短期
　　　　　水涝，惧怕北方烈日暴晒。
花　　期：3~4月。
特　　色：其嫩叶编制葵扇，老叶可制蓑衣等；叶裂片
　　　　　的肋脉可制牙签；果实及根可入药。

养护秘诀

栽植

将清洗干净的几粒种子放在沙质土壤中一段时间，促使其提前发芽。从其中挑选出幼芽刚钻破种皮的种子，再把其点播进盆土中，浇透水分。通常播种后30~60天，种子便可萌芽，此后正常养护。

浇水

在植株的生长鼎盛期，除了要充分浇水之外，还需时常朝叶片表面喷洒清水，以增加空气湿度，促使植株健壮生长，令叶片维持光洁、青绿。蒲葵尽管可以忍受短时间的积水，然而在雨季也要及时排出积水，防止遭受涝害。冬天则需控制浇水次数。

施肥

春天、夏天和秋天是植株的生长鼎盛期，要每月施用2次以氮肥为主的液肥，或每隔20~30天施用20％充分腐熟的饼肥水或人粪尿一次，能令植株长得繁盛、叶片颜色深绿。冬天则不需再对植株施用肥料。

修剪

对成龄植株需重剪其地上部分，特别需将基部已经老化的叶片剪掉，这样能使植株的茎干升高，优化通风透光条件，提高欣赏价值。

繁殖

蒲葵均由播种繁殖，一般15个月开始结果。种子虽然成熟，但播种后需4~5月才能发芽。如果是冬天采种，则宜沙土埋藏，待春末再浸种催芽后播种。最好将种子留在树上越冬，5月气温上升到30℃左右，种子在树上全部发芽，这时采种后即时播种最佳，萌发率可达100％。

病虫防治

蒲葵抵御病虫害侵袭的能力比较强，一般不会患上病虫害。

蔷薇

别　名：野蔷薇。

原产地：中国。

习　性：阳性花卉，喜温暖，亦耐寒、耐旱，且不择土壤，有较强的生命力。

花　期：4~9月。

特　色：自然分布于溪畔、路旁，往往密集丛生，满枝灿烂，景色颇佳。

养护秘诀

栽植

在一个花盆里铺8~10厘米厚的砻糠灰土泥，浇水拍实。在蔷薇母株上剪一20厘米长的嫩枝，去叶。将嫩枝插入砻糠灰土泥，扦插的深度为3厘米左右。立即浇透水。第一个星期应保持花盆内有充足的水分，以后可逐渐减少浇水的量和次数。半个月后，将嫩枝连同新生的根系一并掘出，敲掉根部泥土，剪掉受伤和过长的根须。将嫩枝移入装有沙质土壤的花盆里定植，定植深度不宜太深，以花土刚盖住根茎部为宜。

浇水

蔷薇怕涝，耐干旱，养护期间浇水不宜过勤过量。蔷薇开花之后浇水不宜过量，使土壤"见干见湿"即可。炎夏干旱期间应浇2~3次水。立秋至霜降期间应浇1~2次水。

施肥

3月可以施用以氮肥为主的液肥1~2次，以促使枝叶生长。4~5月可以施用以磷肥和钾肥为主的肥料2~3次，以促使植株萌生出更多的花蕾。

修剪

蔷薇萌生新芽的能力很强，需及时修剪整形，在开花后应及时把已开完花的枝条剪掉，以减少养分损耗。

繁殖

蔷薇种子可供育苗，但生产上多用当年嫩枝扦插育苗，容易成活。名贵品种较难扦插，可用压条或嫁接法繁殖，无性繁殖的幼苗，当年即可开花。用作盆花的苗，应选择优良品种中较老的枝条，用压条法育苗，还要注意修剪主芽，进行人工矮化。用作切花的苗，应选择能形成采花母枝、花大色艳的品种育苗。蔷薇亦可采用组培、水培、嫁接、分株等方法繁殖。

病虫防治

蔷薇易得白粉病及黑斑病。一旦发现病情应马上剪除病枝，并喷施浓度较低的波尔多液或70%甲基托布津可湿性粉剂1 000倍液，以避免病情恶化。

金鱼草

别　名：龙头花、狮子花、龙口花、洋彩雀。
原产地：地中海地区。
习　性：喜阳光，也能耐半阴。性较耐寒，不耐酷暑。适生于疏松肥沃、排水良好的土壤。
花　期：3~6月。
特　色：因花状似金鱼而得名，有白、淡红、深红、肉色、深黄、浅黄、黄橙等色，花色艳丽，适合观赏。

养护秘诀

栽植

选取优质的金鱼草种子，播入盛有少许土壤的培植器皿中，不要覆盖土壤，将种子轻压一下即可。播种后浇透水，然后盖上塑料薄膜，放置半阴处。7天后，金鱼草种子即可发芽，这时切忌阳光暴晒。再过一个半月左右，即可将幼苗移栽至盆中。

浇水

金鱼草对水分的反应比较灵敏，一定要让土壤处于潮湿状态，幼苗移入盆中后一定要浇足水。除了每天适量浇水之外，还应隔2天左右喷一次水。

施肥

在生长季节要供给植株足够的养分，需每隔15天施肥一次，最好是施用氮肥。

修剪

当金鱼草植株生长到25厘米高时，应尽快把由基部萌生出来的侧枝去掉。为了使开花时间延长，在花朵凋谢后应尽快把未落尽的花剪掉，以促使新花接着绽放。

繁殖

金鱼草为多年生草本植物，繁殖以播种繁殖为主，一般适合秋播，播种时间为9~10月，翌年4~5月开花。播种土壤可用泥炭土、腐叶土和细沙的混合土壤。

⁺病虫防治

金鱼草易患多种病害，如茎腐病、草锈病及各种虫害。

茎腐病：发病初期应喷施40％乙膦铝可湿性粉剂200~400倍液。

草锈病：可喷洒15％粉锈宁可湿性粉剂2 000倍液。

蚜虫：可喷洒3％天然除虫菊酯或25％鱼藤精800~1 000倍液。

别　名:	蓝芙蓉、翠兰、荔枝菊。
原产地:	欧洲。
习　性:	较耐寒，喜冷凉，忌炎热，喜肥沃、疏松和排水良好的沙质土壤。
花　期:	2~8月。
特　色:	植株挺拔，花梗长，适于做切花花卉，也可做花径材料，食用能美容养颜、放松心情、帮助消化、使小便顺畅。

矢车菊

养护秘诀

栽植

选取好矢车菊的幼株，以生长出6~7枚叶片的为最佳，移入花盆中。在花盆中置入土壤，土壤最好松散且有肥力。轻轻压实幼株根基部的土壤，浇足水分。将花盆放置在通风良好且温暖的地方，细心照料。入盆后需浇透水一次，以后的生长期需经常保持土壤微潮偏干的状态。如果土壤存水过多，矢车菊容易徒长，其根系也容易腐烂。

浇水

每日浇水一次即可，但夏日较干旱时，可早晚各浇一次，以保持盆土湿润并降低盆栽的温度，但水量要小，忌积水。

施肥

在种植前应在土壤中施入一次底肥，然后每月施用一次液肥，以促使植株生长，到现蕾时则不再施肥。

矢车菊的茎干较细弱，在苗期要留心进行摘心处理，以让植株长得低矮，促使萌生较多的侧枝。

繁殖

矢车菊大多是采用播种繁殖。矢车菊种子一般在春秋两季播种，其中以秋季为佳，大概在8月中旬至9月份的中下旬。种植时将种子播在露地的苗床中，轻轻压实，然后浇上适量的水，用草覆盖，可快速发芽，长芽后拿掉上面的草。等叶子长到6~7片就可以移栽了，可在11月份定植。盆栽播种，需要有肥沃疏松的土质，建议加上腐叶土之类的混合土。

⁺病虫防治

矢车菊的主要病害为菌核病，病害一般从基部发生，患病时，可喷洒25%粉锈宁可湿性粉剂2 500倍液，也可喷洒70%甲基托布津可湿性粉剂800倍液。染病严重的植株要及时剪除，以防继续感染。

碧桃

别　　名：千叶桃花。
原产地：中国。
习　　性：喜阳光，耐旱，不耐潮湿，要求土壤肥沃、排水良好。
花　　期：3~5月。
特　　色：花朵丰腴，色彩鲜艳丰富，花型多，十分具有观赏性，还能有效地改善皮肤干燥和粗糙、皱纹等现象。

养护秘诀

栽植

在盆中栽种碧桃通常采用嫁接法，先用桃、李、杏的实生苗做砧木，于8月份进行芽接。将嫁接成活的碧桃苗，于第二年3月前后，从接芽以上1.5~2厘米处剪去，促使接芽生长。接着便可将芽植入盆中，置入土壤，并将土壤轻轻压实。入盆后浇足水分，此后精心照料即可。

浇水

碧桃的开花坐果期要适当多浇些水，7~8月份花芽分化期要适当增加浇水量，以促进花芽分化。冬季休眠期要减少浇水的次数。

施肥

碧桃种植时在穴里要施入少量底肥，在生长季节可以视植株的生长状况来决定是不是需施用肥料，通常在每年开花前后分别施用1~2次肥料就可以。

修剪

碧桃生长势强，修剪主要是进行疏枝，一般修剪为自然开心形。

在花朵凋谢后要马上修剪，开过花的枝条仅留下基部2~3个芽就可以，并把其他的芽都摘掉。

对长势太强的枝条，在夏天要对其进行摘心，以促进花芽的形成；对长势较弱的植株，需防止修剪太重，要压制强枝、扶助弱枝，令枝条生长匀称，保持通风流畅。

繁殖

碧桃常采用嫁接法繁殖。在使用嫁接法繁殖碧桃的时候，首先要选择一株生长状况良好的碧桃植株，然后选用山毛桃来作为砧木，一般在春季或者是夏季进行芽接或者枝接，这样嫁接的成活率可以达到90％以上。夏季芽接的时候先要削取木质芽片。一般来说，南方地区的接芽适宜时间为6~7月，北方为7~8月。剪取母树的接穗，修剪好枝叶，留下叶柄，芽的内侧稍稍留一些木质的部分。茎干距离地面3~5厘米，一般是选择树北侧的垂直部分，将树皮削出合适的缺口，将接穗紧密地贴合削出的缺口，然后用绳子缠好，防止芽穗风干。

病虫防治

碧桃易生蚜虫，病害主要有白锈病和褐腐病。

白锈病： 用50％萎锈灵可湿性粉剂2 000倍液喷洒。

褐腐病： 用50％甲基托布津可湿性粉剂500倍液喷洒。

蚜虫： 可以用40％氧化乐果乳油1 000~1 500倍液或80％敌敌畏乳油1 500倍液喷杀。

连翘

别　名：黄花条、连壳、青翘、落翘、黄奇丹。
原产地：中国、日本。
习　性：喜温暖、湿润和阳光充足的环境，耐半阴，也耐寒冷和干旱，但怕积水。
花　期：3~4月。
特　色：连翘早春先叶开花，花开香气淡雅，满枝金黄，艳丽可爱，是早春优良观花灌木。

养护秘诀

栽植

连翘的栽植一般在春季进行。选取1~2年生的连翘幼枝，剪为长约30厘米的小段。在盆中放置2/3的土壤，松软度要适中。把幼枝斜向插进土里，深度为18~20厘米。最后再埋土并镇压结实，然后浇足水，要让土壤保持略潮湿状态，但勿积聚太多的水。

浇水

连翘比较能忍受干旱，在潮湿且润泽的环境中也能生长得较好，因此浇水不用太过频繁，每周浇水一次即可保证其生长。春天应及时给连翘补充水分，特别是在开花之后，要让土壤保持略湿的状态，不可太干，否则不利于植株分化花芽。

施肥

在春季和秋季每15~20天要对连翘施一次腐熟的稀薄液肥或复合肥，夏季则停止施肥，秋季还可向叶面喷施磷酸二氢钾等含磷量较高的肥料，以促使花芽的形成。

修剪

在每年花朵凋谢后应尽早把干枯枝、病弱枝剪掉，对稠密老枝要进行疏剪，对疯长枝要进行短剪。立秋以后再进行一次修剪，可让植株次年枝繁叶茂、花多色艳。

繁殖

连翘的繁殖方法以播种、扦插为主，亦可压条分株繁殖。

播种法：南方于3月上旬、中旬，北方于4月上旬，在已备好的穴坑中挖一小坑，深约3厘米，选择成熟、饱满、无病害的种子，每坑播5~10粒，覆土后稍压，使种子与土壤紧密结合。

扦插法：于夏季阴雨天，将1~2年生的嫩枝中上部剪成30厘米长的插条，在苗床上按株行距5厘米×30厘米，开20厘米深的沟，斜摆在沟内，然后覆土压紧，保持畦床湿润，当年即可生根成活，第二年春萌动前移栽。

病虫防治

连翘几乎无病害发生。虫害主要有钻心虫及蜗牛，钻心虫危害茎干，蜗牛危害花及幼果。

蜗牛：可人工捕杀，或用石灰粉触杀。

钻心虫：可用紫光灯诱杀，并用棉球蘸50%辛硫磷乳油或40%乐果原液堵塞虫孔。

牡丹

别 名：	鼠姑、鹿韭、白茸、木芍药、百雨金。
原产地：	中国。
习 性：	喜阳光，也耐半阴，耐寒，耐干旱，耐弱碱，忌积水。适宜在疏松、肥沃、排水良好的中性沙质土壤中生长。
花 期：	4~5月。
特 色：	花色泽艳丽，玉笑珠香，风流潇洒，富丽堂皇，素有"花中之王"的美誉。

养护秘诀

栽植

将选择好的植株放置于阴凉处，晾1~2天，以免根太脆上盆时断根。盆栽植时，先用瓦片盖住盆孔，垫上3~5厘米厚颗粒较大的碎砖块、木炭或其他透气透水物，再盖上一层3~5厘米厚的土壤。放进植株，使根系均匀伸展在盆中，填入土壤，并将土壤塞入根缝间。

浇水

牡丹无法忍受土壤过湿，怕水涝，具有一定抗旱性。因此要视盆土干湿情况浇水，要做到不干不浇，干浇浇透，水勤、水多则烂根。栽植后浇透水，之后等盆土干燥时再浇一次少量的水，直到开花，然后令盆土保持略湿就可以。

施肥

牡丹的生长需要较多肥料，且喜欢高效优良的肥料，新栽培的植株半年内不必施肥，半年后再施用即可。

修剪

通常对5~6年生的植株，要留下3~5个花芽；对新栽植的植株，次年春季要把花芽全部去掉，以积聚养分，促使植株生长。

繁殖

牡丹的繁殖，用播种法、分株法、嫁接法都可以。本处只对分株法繁殖进行介绍。

牡丹的分株繁殖在明代已被广泛采用。将生长繁茂的大株牡丹，整株掘起，从根系纹理交接处分开。每株所分子株多少以原株大小而定，大者多分，小者可少分。一般每3~4枝为一子株，且有较完整的根系。再以硫黄粉少许和泥，在根上的伤口处涂抹、擦匀，即可另行栽植。分株繁殖的时间是在每年的秋分到霜降期间内，适时进行为好。

病虫防治

牡丹的常见病害有叶斑病和紫纹羽病。

叶斑病：主要浸染叶片，防治时可喷洒50%甲基托布津可湿性粉剂、50%多菌灵可湿性粉剂500~800倍液，7~10天喷一次，连续3~4次。

紫纹羽病：主要浸染根茎处，防治时可用500倍五氯硝基苯药液涂于患处。

芍药	别　名：将离、离草、娄尾春、没骨花。 原产地：中国。 习　性：喜阳光、温暖，耐寒，宜地势高敞、较为干燥的环境，不需要经常灌溉。 花　期：4~6月。 特　色：花瓣呈倒卵形，花盘为浅杯状，花形妩媚，花色艳丽，故谐音"绰约"，形容美好容貌。

养护秘诀

栽植

挖出3年以上的芍药株丛，抖掉根上的泥土，将母株移至阴凉干燥处放置片刻。母株稍微蔫软后，用刀将根株剖成几丛，确保每丛根株上有3~5个芽。将小根株放置在阴凉干燥处阴干。在盆底铺上一层花土，土层约为盆高的2/5。将阴干略软的小根株栽入盆中扶正，向盆中填土、压实。

浇水

芍药比较耐干旱，怕水涝，浇水不可太多，不然容易导致肉质根烂掉。在芍药开花之前的一个月和开花之后的半个月应分别浇一次水。每次给芍药浇完水后，都要立即翻松土壤，以防止有水积存。

施肥

在花蕾形成后应施一次速效性磷肥，可以令芍药花硕大色艳。秋冬季可以施一次追肥，能够促使其翌年开花。

修剪

花朵凋谢后应马上把花梗剪掉，勿让其产生种子，以避免耗费太多营养成分，使花卉的生长发育及开花受到影响。

繁殖

芍药的繁殖方法有分株、播种、扦插、压条等，而分株法是芍药最常用的繁殖方法。分株时，以9月下旬至10月上旬分株效果最佳。先将母株的根掘出，晾一天后按照芍药根部的自然形态切分根部，每丛根带4~5个芽。将根部切口处涂上少许硫黄粉，以防病菌侵入，再晾1~2天即可分别栽植。

病虫防治

芍药容易遭受黑斑病、白锈病及蚜虫、红蜘蛛等病虫害。

黑斑病：发病初期喷施65%代森锌可湿性粉剂500倍液。

白锈病：定期喷施65%代森锌可湿性粉剂500倍液或0.3~0.4波美度石硫合剂。

蚜虫：预防蚜虫，要消除越冬杂草。产生危害时，喷施40%氧化乐果乳油3 000倍液。

红蜘蛛：喷施20%三氯杀螨砜可湿性粉剂1 000倍液或40%三氯杀螨醇乳剂2 000倍液。

夏季編

Summer

夏季养花科学新知

注意防晒降温

夏天是花卉生长繁茂与旺盛的季节，气温高、日照强、雨水多，大多数花卉在这个季节要注意适当遮阴，防止暴晒。另一方面还要加强水分补充，不仅保证花卉健壮生长，还能达到降温增湿的目的。

光照要点

喜光的花卉在春季出房后要沐浴充足的阳光，然而到了盛夏，若遭受强光直射，就会造成枝叶枯黄，甚至死亡，因此要把它们都移到略有遮阴的地方，或室内通风良好、具有充足散射光处，减弱光照强度，让阳光温柔地抚摸它们。

浇水要点

夏天由于温度高，要给花充足的水分供应，不仅满足花的生长，同时还起到调节温度和湿度的作用。通常情况下一般的花卉每天浇1~2次透水，千万不要浇半截水，否则根系不能充分吸收水分会导致叶片卷缩发黄。

浇水时间以早晨和傍晚为宜，切忌中午浇冷水，否则会出现"生理干旱"现象，使叶片焦枯，严重的会导致死亡。

还要特别注意的是，下过雨后，盆内如果有积水应立即倒出，或用竹

签在盆土上扎若干个小孔，排出积水，否则容易造成烂根。

施肥要点

夏季给盆花施肥，要掌握"薄肥勤施"的原则，施肥太浓容易造成烂根。一般生长旺盛的花卉，每隔7~10天施一次稀薄液肥。施肥的时候要在晴天盆土较干燥的情况下进行，因为湿根施肥易烂根。施肥时间最好在傍晚，中午土温高施肥容易伤根。次日要浇一次透水。

施肥时一定注意不要将肥水溅到叶片上，以免烧伤叶片。

修剪要点

许多花卉进入夏季之后，易出现徒长，影响开花结果。为保持株型优美，花多繁茂，要及时进行修剪。

夏季修剪通常以摘心、抹芽、除叶、疏蕾、疏果和剪除徒长枝、残花梗等为主要的操作内容。

花卉繁殖

◆ 扦插法

（1）嫩枝扦插：大部分花卉在6~9月份，采用半成熟的新枝，在庇荫条件下进行扦插。如天竺葵、万年青、米兰、栀子花、富贵竹等。

（2）叶插：用肥厚的叶片和叶柄进行扦插，如秋海棠剪取叶片，同时切断叶片主脉数处，平铺到沙床上，使叶片和湿沙密切接触，不久会在主脉切口处长芽和长根，取下另栽即可；虎尾兰是将叶片切成数段，直插到沙床上；大岩桐取叶，将叶柄直插到沙床上，都能长出新芽。扦插床上要遮阴，保湿。

◆ 嫁接法

（1）芽接：大部分木本花卉多在夏末秋初7~9月份进行芽接。

（2）仙人掌类嫁接多在夏末秋初季节进行，如蟹爪兰、仙人球等的嫁接。

夏眠花卉的养护

夏季一些喜冷凉、怕炎热的花卉，生长缓慢，新陈代谢减弱，以休眠或半休眠的方式来度过高温炎热的天气。所以需要针对这一生理特点，加以精心养护，使它们安全度夏。

◆遮阴通风

入夏后，要将休眠花卉置于通风凉爽的地方，避免阳光直射暴晒。气温高时，还要常向盆株周围及地面喷水，以降低气温和增加湿度。

◆控制浇水

对于夏眠的花卉，要严格控制浇水量，少浇水或不浇水，保持盆土稍微湿润为宜。

◆防止雨淋

夏季雨水丰富，如果植株受到雨淋而雨后盆中积水，极易造成植株的根部或球部腐烂，引起落叶。所以要放在避风雨的位置。

◆停止施肥

花卉在夏眠期间，由于生理活动减弱，消耗的养分极少，所以不需要施以任何肥料。等到天气转凉、气温渐低时，这些夏眠的花卉又会重新恢复活力，开始新的生长。

夏季花卉常见病虫害的防治

（1）夏季高温、高湿，常见的病害和虫害极容易发生。要经常注意观察，一发现就要及早喷药防治。

（2）防重于治，应经常打扫环境卫生，清除杂草，对培养土和工具消毒。采取改善环境条件、通风降温等措施，均可以减轻病虫害的发生。

（3）防灼伤（日烧），一些耐阴花卉在夏季暴露在强光下，叶片容易灼伤，出现病斑或叶尖枯黄等，要及时采取遮阴措施来解决。

夏季常见花卉的养育

百 合 花	别　名：百合蒜、强瞿、山丹。
	原产地：中国、日本。
	习　性：喜阳光、忌酷热，较耐寒、好湿润，适宜肥沃、腐殖质、排水良好的微酸性土壤。
	花　期：7~10月。
	特　色：花姿雅致，叶片青翠娟秀，茎干亭亭玉立，是名贵的切花。

养护秘诀

栽植

盆栽宜在9~10月进行。培养土宜用泥炭土、沙土、园土以5∶2∶3的比例混合配制，基肥用草木灰和充分腐熟的少量骨粉混合而成。栽植深度为鳞茎直径的2~3倍。栽后要浇一次透水。每年换盆一次。

浇水

百合花喜湿润、偏干、不积水的微酸性土壤。在北方地区种百合花，需在水中加入硫酸亚铁，配成0.1%~0.2%浓度的溶液浇花。栽种初期浇水宜多，待出叶后逐步减少浇水量。花期减少浇水，并常在花盆周围洒水。花落结实后进入休眠期，要控制浇水，保持盆土湿润即可。

施肥

百合花通常在春季开始生长时不施肥，待根系长出后开始施肥，每15~20天追施一次300倍氮、磷、钾复合稀释肥液。花期可增施钙、钾肥，为使鳞茎充实，开花后要及时剪去残花，以减少养分消耗。

修剪

百合花应及时摘顶，控制地上部分生长，以集中养分促进地下鳞茎生长。在夏季还应及时摘花打顶。

繁殖

分小鳞茎法：通常在老鳞茎的茎节上长有一些小鳞茎，可把这些小鳞茎分离下来，于春季上盆栽种。培养一年多即可培育成大植株。

鳞片扦插法：选取生长良好的百合，剥下鳞片，将基部向下斜插于腐殖质土中，插后浇透水，以后保持土壤一定湿度即可。

病虫防治

百合花的几种常见病害有百合花叶病、叶枯病、茎腐病等。

百合花叶病：由病毒引起，受害后，叶片上有浅黄色条纹或不规则斑点，有的局部叶绿素褪色呈透明状。主要由蚜虫传播病毒，可喷10%一遍净1 500倍液进行防治。

叶枯病：可用波尔多液200倍液喷洒。

茎腐病：可用50%扑海因1 000倍液灌根。

朱顶红

别　　名：百枝莲、对红。
原产地：南美洲。
习　　性：喜温暖湿润，夏季宜凉爽，不耐寒，适宜
　　　　　水肥充足、排水良好的环境。
花　　期：4~6月。
特　　色：花朵硕大，花色丰富而艳丽，且花期较长。

养护秘诀

栽植

　　盆栽宜选用大鳞茎，栽植于口径18厘米左右的盆中。培养土用腐熟厩肥土、泥炭土和沙土按1∶3∶1的比例混合配制。栽前盆底要施入骨粉、腐熟的饼肥做基肥。栽时要将1/3鳞茎露出土面。栽后要浇透水，放置半阴处，待叶片长出后，移至阳光充足处。

浇水

　　朱顶红培养期间要经常保持盆土湿润，但不能积水和过湿。当盆土1~2厘米深处已变干时再浇水，出现花茎和叶片时再增加浇水量。秋季朱顶红的长势减弱，要逐渐减少水分的供应，保持盆土偏干。进入休眠期后停止浇水，以利越冬。

施肥

　　朱顶红喜肥，待叶片长至5~6厘米长时开始追肥，一般每隔半个月施一次腐熟的饼肥水，花开过后，每20天施一次，以促使鳞茎增大并产生新的鳞茎。

修剪

朱顶红开花谢去后，要及时剪掉花梗。因为花后这一阶段主要是养鳞茎球，使其充分吸收养分，让鳞茎增大和产生新的鳞茎，剪掉花梗就是让养分集中在鳞茎的生长上。

繁殖

朱顶红通常用分割小鳞茎的方法进行繁殖。结合换盆将着生在母球周围的小鳞茎分离，选具有两片真叶的子球，另栽于盆中，经过一年多培养即可开花。而其他更小的鳞茎，需覆土再深些，继续养球。

◆病虫防治

朱顶红容易感染叶枯病，可用波尔多液200倍液喷洒防治。

玉簪

别　名：白鹤花、玉春棒、白玉簪。
原产地：中国。
习　性：喜阴湿，耐寒冷，性强健，适宜湿润、肥沃、排水良好的沙质壤土。
花　期：6~9月。
特　色：易于栽养，花香沁人心脾，花色洁白如玉。

养护秘诀

栽植

玉簪每年春天上盆，培养土可用园土、腐叶土、沙土以5：3：2的比例配制。新株栽植后要放在遮阴的地方，待恢复生长后，便可进行正常管理。

浇水

玉簪喜阴湿的环境，生长季节应保持盆土湿润，还要经常向其周围洒水和向叶面喷水，以增加空气湿度。生长期雨量少的地区要经常浇水，并疏松土壤，以利生长。秋冬季节，进入休眠期后，要控制浇水，保持盆土偏干。

施肥

玉簪对肥料要求不高，喜腐殖质肥。生长期可每15天施一次稀薄液肥。春季发芽期和开花前保证氮肥供给，并增施1 000倍磷酸二氢钾稀释液一次，可以促进叶绿花繁。

修剪

玉簪一般不需修剪，只需适时剪去已枯萎的叶子即可。

繁殖

玉簪繁殖常用分株法。于春季发芽前或秋季叶片枯萎后，将植株挖出来，去掉根际的土壤，从根部将母株分2~3株，每株尽量多地保留根系，栽于盆中即可。

病虫防治

玉簪主要有叶枯病、锈病、蛞蝓和蜗牛等病虫害。

叶枯病：叶片一旦产生圆形或椭圆形病斑，可用75％百菌清可湿性粉剂800~1 000倍液或50％代森锰锌可湿性粉剂800~1 000倍液喷洒。

锈病：当嫩叶上出现圆形病斑时，可喷洒160倍等量式波尔多液进行防治。

蛞蝓、蜗牛：土壤潮湿、通风不良时容易发生。要常检查，发现后及时灭杀，可在玉簪周围、花盆下面撒石灰粉，或撒施8％灭蜗灵剂。

凤仙花

别　名：指甲花、急性子、透骨草。
原产地：中国、印度、马来西亚。
习　性：喜阳光，不耐寒，喜湿润，忌水涝，适应
　　　　性强，适宜湿润、排水良好的土壤。
花　期：6~8月。
特　色：生存力强，易于成活，生长迅速。

养护秘诀

栽植

盆栽时，小苗长出3~4片叶后，即可移栽。先用小口径盆，逐渐换入较大的盆内，最后定植于20厘米口径的大盆。定植后，长到20~30厘米时对植株主茎要进行打顶，增强其分枝能力；基部开花随时摘去，以促使各枝顶部开花。

浇水

定植后要及时浇水，生长期要注意浇水，经常保持盆土湿润。特别到了夏季，气温较高时，要早晚各浇一次，但不能积水。雨水较多时，要及时排水，否则根、茎容易腐烂。

施肥

凤仙花在移植于大盆的10天后，就要开始施液肥，以后每周施一次。花期时要注意，孕蕾前后施一次磷肥及草木灰。

修剪

凤仙花的枝干木质化比较少，所以比较嫩。建议主枝在25厘米时（从

土壤表面算起）开始修剪，掐断顶芽，增强植株分枝能力。下部侧枝留15厘米，其余看情况修剪。

花期的凤仙花需要修剪。剪去花蒂之后，花朵没法结籽，则花开得更加繁盛；基部开花随时摘去，这样会促使各枝顶部陆续开花，造成花团锦簇的盛放现象。

繁殖

凤仙花采用播种法繁殖。3~9月都可进行播种，以4月最为适宜，这样6月上、中旬即可开花，花期可保持两个多月。

播种前，将苗床浇透水，使其保持湿润，凤仙花的种子比较小，播后不能立即浇水，以免把种子冲掉。要盖上3~4毫米的一层薄土，注意遮阴，约10天后即可出苗。当小苗长出2~3片叶时就可以上盆养护。

病虫防治

凤仙花适应性较强，一般很少有病虫害。气温高、湿度大时，有可能出现白粉病，可用50%甲基硫菌灵可湿性粉剂800倍液喷洒防治。

鸡冠花

别　名：凤尾鸡冠、芦花鸡冠。

原产地：印度。

习　性：喜高温与干燥，不耐寒，喜光照，适宜排水良好、疏松肥沃的沙质壤土。

花　期：7~10月。

特　色：适应性强、容易繁殖，花形独特、花色丰富艳丽，有食用价值。

养护秘诀

栽植

家庭盆栽鸡冠花可用园土、腐叶土、沙土以5：3：2的比例配制培养土。上盆时要栽深些，以将叶子接近盆土面为准。移栽时不要散坨，栽后浇一次透水，以后适当浇水即可，使盆土保持稍微干燥。

浇水

鸡冠花虽然喜湿润的土壤，但生长初期应注意控水，使盆土偏干为好，以控制株高。特别是在花序出现前，使盆土干燥，可防止鸡冠花徒长或迟开花。当花序出现后就要保持盆土湿润状态。

施肥

栽植10天后可施一次液肥。在花序未形成之前，要保持一定的干燥，花蕾形成之后，可每7~10天施一次液肥，适当浇水，但注意盆土不可过肥和过湿。生长后期要加施磷肥，并多见阳光，促使其健壮生长。种子成熟阶段宜少浇肥水。

修剪

鸡冠花抽穗后可将下部的花芽抹除，以利养分集中于顶部主穗生长。

繁殖

鸡冠花采用播种繁殖，于4~5月进行，气温在20℃~25℃时为好。

播种前，可在苗床中施一些饼肥做基肥，并使苗床中土壤保持湿润。播种时在种子中混入一些细土进行撒播，因鸡冠花种子细小，覆土2~3毫米即可。播种后稍许喷些水，给苗床遮阴，两周内不要浇水。一般7~10天可出苗，待苗长出3~4片真叶时可间苗一次，拔除一些弱苗、过密苗，到苗高5~6厘米时可移栽定植。

病虫防治

鸡冠花生长期间容易发生蚜虫和红蜘蛛虫害，防治方法同金盏菊。

彩叶草

别　名：洋紫苏、锦紫苏。
原产地：印度尼西亚。
习　性：喜温暖，不耐寒，喜光照，忌积水，适宜肥沃、疏松、排水良好的土壤。
花　期：7月。
特　色：叶色娇艳多变，易于繁殖，是观赏价值很高的观叶植物。

养护秘诀

栽植

　　家庭盆栽彩叶草可用园土、腐叶土、沙土以5∶3∶2的比例配制培养土。定植时可选16~18厘米盆径的花盆，盆底要加入少量有机肥和骨粉做基肥。生长期要摘心若干次，以促进发枝，使株型丰满。

浇水

　　彩叶草喜湿润的土壤，生长季节保持盆土湿润偏干为好。可常向叶面及四周地面喷水，保持叶色光亮。如盆土太湿，植株容易徒长，茎节过长，导致株型不够丰满。

施肥

　　彩叶草喜肥，观赏期追肥以磷肥为主，每月一次。生长期多施磷肥可使植株矮壮，叶片色彩鲜艳。一般苗成活后可追施1~2次腐熟的10倍稀释饼肥水。每次摘心后都要施一次稀薄液肥。成形后再追施1~2次1 000倍的磷酸二氢钾液。

修剪

　　彩叶草在生长期间，要在其长出叶片4~6枚的时候，进行较多次数的摘

心，以促使其分泌激素。这样可以快速发育，使外形更为丰满，尽快适合观赏的需求。为了使叶片欣赏效果好，一旦生成叶花序就要立即除去。其中，对于留种的母株，要减少摘心次数，让其在进入冬天之前进行完开花结实。彩叶草过了花期之后，也要适当进行修剪。

繁殖

彩叶草常用扦插法和播种法繁殖。

扦插法：在生长季节选取健壮枝条2~3节，插于松土，约10天就可生根。

播种法：通常在3~4月进行，播后1周左右出苗。当小苗长到2~4片叶时，需移植一次。将小苗连根掘起，移植到盆中，其密度以叶片相互不接触为度。小苗长至6~8片叶时，再移植到口径10厘米的小盆中，并保留2~4片叶摘心。到7月苗较大时，再换一次盆，盆底要加入少量豆饼做基肥。

病虫防治

彩叶草的病害有猝倒病等。幼苗期容易发生猝倒病，栽培时应注意给土壤消毒，保证幼苗通风透光。喷洒50%福美双可湿性粉剂500倍液防治。

千日红

别　名：千日草、火球花、红火球、杨梅花。
原产地：中国、印度。
习　性：喜阳光，不耐阴，喜干燥，忌水湿，适宜
　　　　疏松、肥沃、排水良好的土壤。
花　期：7~9月。
特　色：花期长久，适应环境能力强。

养护秘诀

栽植

　　盆栽千日红可选用口径14~16厘米的花盆。培养土用园土、腐叶土和沙土以
5：3：2的比例配制。栽后浇透水，置于阴凉通风处缓苗，待其恢复生长后，再
逐渐移至向阳处进行正常养护。

浇水

　　千日红在春夏之交的营养
生长期，可每2~3天浇一次水，
使盆土经常保持湿润偏干。孕蕾
开花期，盆土水分保持"见湿见
干"。8~9月结合施肥浇透水，
并使盆土经常保持湿润，可延长
植株的生长时间。

施肥

　　千日红幼苗生长期一般不施
肥，待见花蕾后可追施复合液肥
2~3次。开花前增施0.2%磷酸二氢钾溶液一次。花谢后要剪去残花，并适当整枝
修剪，多施薄肥，促使萌发新枝，到了晚秋可再次开花。

修剪

千日红需适时剪去已枯萎的叶子。花后应及时修剪，以便重新抽枝开花。

繁殖

千日红采用播种繁殖。9~10月采种，翌年4~5月播种，6月定植。播种前用冷水浸泡种子1~2天，可提高出苗率。经浸泡过的种子，稍晾干后，拌以草木灰播种即可。盆土表面稍干时应及时补水，直至出苗。

病虫防治

千日红容易发生的病虫害有红蜘蛛、蚜虫、白粉虱，以及白粉病、黑斑病等。发现后要及时防治，必要时可用药剂喷治。

昙花

别　名：琼花、昙花。
原产地：墨西哥至巴西的热带沙漠。
习　性：喜温暖，较耐旱，不耐寒，适宜疏松、肥沃、排水良好的土壤。
花　期：夏秋季晚间开放。
特　色：枝叶翠绿，夜间开花时，花朵白而大，光彩夺目，清香四溢，被誉为"月下美人"。

养护秘诀

栽植

盆栽昙花，培养土不要太湿，可用园土、腐叶土、沙土以2∶2∶1的比例配制。要在上盆或换盆的2~3天前停止浇水，使根系稍呈萎蔫状态，这样栽植时不致把根折断，栽后要浇一次透水。

浇水

昙花喜湿润的土壤，但怕水涝。春季气温开始上升，可逐渐增加浇水量，保持土壤稍湿润；夏季要多浇水，一般每2天浇一次，每天早晚可向植株和地面喷水1~2次。注意浇水次数不宜太多，以免影响根部呼吸。冬季气温较低时，要控制浇水，做到盆土"不干不浇，干透浇透"。

施肥

昙花较喜肥，生长期间要每半个月施一次腐熟饼肥水，现蕾开花期还要增施一次骨粉或过磷酸钙，如肥水施用得当，可以延长花期。

修剪

昙花的枯枝残叶需要及时修剪，病弱枝和过于密集的枝条，都需要及时剪掉，因为这些枝叶会影响昙花的生长和美观性。在植株生长较高的时候还需要搭设支架。

但是要注意，昙花本身是不适合重剪的，修剪过度会导致开花不良。

繁殖

昙花最常用的繁殖方法是扦插繁殖。最好于5~6月间进行。插条要选生长健壮、充实的变态茎，不宜过嫩。剪10~15厘米长的小段，放于通风处晾2天，使切口干燥，然后扦插。插入深度为插条的1／3，在18℃~25℃的条件下，20~30天即可生根。

病虫防治

昙花生长期间的病虫害有根腐病、叶枯病、红蜘蛛、介壳虫、蚜虫等，要注意防治，必要时可进行喷药灭杀。

万年青

别　名：铁扁担、九节莲。
原产地：中国、日本。
习　性：喜温暖，较耐寒，喜弱光，忌干旱又怕水涝，适宜疏松、排水良好的酸性沙质壤土。
花　期：5~6月。
特　色：叶片宽大苍绿，浆果殷红圆润，无论是叶还是果实都具有很好的观赏性。

养护秘诀

栽植

盆栽万年青，宜用含腐殖质丰富的沙质壤土掺上泥炭土做培养土。土壤的pH值在6~6.5，利于充分吸收培养土中的养分。上盆后要浇透水一次，并在遮阴处放置几天。每年的3~4月或10~11月换盆一次。

浇水

万年青为肉根系，怕积水受涝，不能多浇水，否则易引起烂根。平时盆土浇适量水即可，掌握"不干不浇，宁可偏干，也不宜过湿"的原则。除夏季应保持盆土湿润外，春秋季节浇水宜少。但要保持空气湿润，干燥的空气，易使叶子发生干尖等不良现象。

施肥

生长期间，每隔30天左右施一次腐熟的液肥；夏天生长较旺盛，可10天左右追施一次液肥，追肥中可兑少量0.5%硫酸铵，能使叶色浓绿光亮。在开花旺盛的6~7月，每隔15天左右施一次0.2%的磷酸二氢钾溶液，促进花芽分化，以利于万年青更好地开花结果。

修剪

为了保持万年青的良好造型，提高它的观赏价值，随着植株不断生长，其下部的黄叶、残叶、部分老叶需要及时修剪。家庭盆栽万年青，可以用软布蘸点啤酒擦拭万年青叶片，既可擦掉尘土，又能给叶片增加营养，使叶片更加亮丽洁净。一般在每年的4~9月之间可以对其进行修剪。

繁殖

万年青繁殖一般采用分株法和播种法。

分株法：于春秋季用刀将根茎处新萌芽连带部分侧根切下，伤口涂以草木灰，栽入盆中，略浇水，放置阴凉处，1~2天后浇透水即可。

播种法：播种一般在3~4月进行。播于盛好培养土的花盆中，浇水后暂放遮阴处，保持湿润，在25℃~30℃的条件下，约25天即可发芽。

病虫防治

万年青的主要虫害为褐软蚧，主要危害叶片，一般群集在叶面或嫩叶上，刺吸植株液汁，同时排泄黏液，易引起煤污病菌大量繁殖，使茎叶变黑，造成生长势弱，叶片枯黄。如果被害植株少，或虫数不多，可直接刮除；如果虫口密度大，可用防治介壳虫的药剂治疗。

茉莉

别　名：奈花、玉麝。

原产地：中国、印度。

习　性：喜阳光，适应高温，喜潮湿，忌水涝，不耐寒，适宜疏松、肥沃且呈酸性的土壤环境。

花　期：6~10月。

特　色：清香四溢、花期长久，花朵洁白、叶色翠绿，易于栽养。

养护秘诀

栽植

培养土可用腐叶土、园土、腐熟饼肥渣按5：4：1的比例混合配制，上盆时在盆底要放少许骨粉做基肥。栽好后浇定根水，然后放在稍加遮阴的地方7~10天，避免阳光直晒，以后逐渐见光。

浇水

养茉莉浇水很关键，掌握"不干不浇，浇必浇透"的原则。4~5月正是茉莉抽枝长叶的时候，可每2~3天浇一次水；5~6月是茉莉的春花期，浇水可略多些；6~8月高温气候，茉莉生长快，叶面蒸发也快，可早晚各浇一次水，还要时常用水喷洒叶片和周围地面。秋季气温降低后，可减为每1~2天浇一次水，冬季则需要严格控制浇水量。

施肥

茉莉喜肥，从春季萌芽抽条开始直到9月中旬，要每隔7~10天施一次腐熟的稀矾肥水。孕蕾期还要增施磷肥，秋季天气转凉还要多施磷、钾肥，一般9月下旬后应停止施肥。每次施肥、浇水后，都要及时松土。

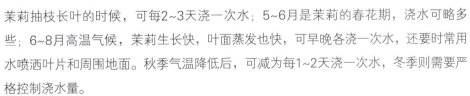

修剪

茉莉极耐剪，长到3~6年时开花最旺，以后逐年衰老，这时就需要重剪，这样可以促进茉莉长出新枝、嫩枝，再次开花。茉莉在凋谢后，要及时进行花后轻剪，就是把开谢的花朵剪掉。

繁殖

茉莉可用扦插法进行繁殖。4~10月都可进行，春插、夏插要比秋插成活率高。剪成熟的一年生枝条10~15厘米，每穗3~4个节，顶端留2片叶，去除下部的叶子，斜插于沙床。若5月份扦插，35天左右可生根；7月份扦插，约20天就可生根，成活率可达90％以上。

病虫防治

茉莉的主要虫害是叶螟和朱砂叶螨。

叶螟：以幼虫食害茉莉的叶、花蕾、小枝及新梢。要适当疏叶，以利通风，及时人工捕捉灭杀，或用1％阿维菌素2 000~3 000倍液防治。

朱砂叶螨：朱砂叶螨又名棉红蜘蛛。被害叶片初呈黄白色小斑点，逐渐变红后扩展到全叶，造成叶片卷曲、枯黄脱落。可在开花前用5波美度石硫合剂喷洒。

米兰

别　　名：茶兰、米仔兰。
原产地：亚洲南部。
习　　性：喜阳光，不耐寒，喜温暖，好湿润，适宜疏松、肥沃的微酸性土壤。
花　　期：四季开花，以夏、秋季为盛。
特　　色：花香如兰，叶色葱绿光亮，枝叶茂密，是很受欢迎的盆栽花卉。

养护秘诀

栽植

盆栽米兰，培养土可用堆肥、腐叶土、河沙按比例混合配制，盆底可放适量腐熟的饼肥做基肥。上盆时间在春季芽萌动前进行。栽植时要保证根系完好及土团完整。上盆后要浇一次透水，放在阴凉处养护，约1周后移至向阳处。

浇水

米兰喜湿润，但不能过湿。夏季气温高，浇水量可稍大，除了早晚浇水外，还要用水喷洒叶面。开花期浇水要适当减少，秋后天气转凉，生长缓慢，要控制浇水。

施肥

夏季是米兰的生长旺季，要每隔15天施一次腐熟的稀薄矾肥水。孕蕾期还要增施磷肥，直到长出花蕾。之后可每15天施一次磷、钾肥，直到10月下旬。

修剪

米兰幼苗期间，需要剪到只留15~20厘米的主干就可以了，但是注意不要让米兰主干从泥土中露出来，尽量让它的侧枝长出来。在生长期，控制在开花前后7天进行修剪。在孕蕾期，要依据情况进行顶芽的摘除。米兰除了幼苗

期、生长期、孕蕾期，在平时也需要进行一定的护理，如果长出的嫩芽太多，需要把大部分嫩芽剪掉，不然它会疯长。

繁殖

米兰主要采用扦插繁殖。6~8月均可进行。选取健壮的当年生已木质化的枝条，取10厘米左右做插穗，仅留上部2~3片叶子。插入泥炭与河沙的混合基质中，深约5厘米即可。插后要浇透水，加盖塑料薄膜，放于通风的环境中。

病虫防治

米兰容易受红蜘蛛和介壳虫的危害。除了注意通风外，还可用药剂进行喷杀。

栀子花

别　名：黄栀子、山栀子。
原产地：中国。
习　性：喜光照，怕强光，喜温暖、湿润，适宜疏松、肥沃、排水良好的酸性土壤。
花　期：6~8月。
特　色：花白如玉、香气浓郁，可净化空气。

养护秘诀

栽植

栀子花是典型的酸性花卉。培养土可用泥炭土、园土和沙土按2：2：1的比例混合配制，并且每千克培养土要拌入1~2克硫黄粉。在清明前后上盆栽植为好。

浇水

栀子花生长期要保持盆土湿润，浇水用雨水或经过发酵的淘米水为好。夏秋季节空气干燥时，要向叶面及花盆四周喷水，以增加空气湿度。现蕾后要控制浇水，掌握 "见干见湿"的浇水原则。8月开花后，只浇清水即可。

施肥

栀子花喜肥，生长季节每10~15天浇一次0.2％硫酸亚铁溶液或矾肥水，可防止土壤转成碱性，同时又可为土壤补充铁元素，防止栀子花叶片发黄。现蕾前增施磷肥、钾肥，能促进开花。现蕾后要减少施肥。

修剪

栀子花于4月孕蕾形成花芽，所以4~5月间除剪去个别冗杂的枝叶外，一般应重在保蕾；6月开花，应及时剪除残花，促使抽生新梢，新梢长至2节或3节时，进行第一次摘心，并适当抹去部分腋芽；8月对二茬枝进行摘心，培养树冠，就能得到形态优美的植株。

繁殖

栀子花的枝条很容易生出根来，所以一般多用扦插法繁殖。北方地区多在5~6月扦插，南方地区则常在3~10月进行。剪取健壮成熟的枝条插于沙床上，保持湿润，1个月左右即可生根。

⁺病虫防治

温度过高或冬季室内通风不良时，栀子花容易发生介壳虫危害，可用药剂防治。

凌霄

别　名：紫葳、凌苕。
原产地：中国中部。
习　性：喜湿润，好温暖，需要充足光照，适宜肥沃、排水良好的沙质壤土。
花　期：7~9月。
特　色：适应性强，易于栽养，是理想的美化装饰植物。

养护秘诀

栽植

盆栽凌霄可选用一个大花盆，培养土用肥沃的园土、腐叶土和沙土以5：3：2的比例配制。放于阳台向阳墙角处，搭一个架子使其攀附墙壁生长，或将花盆置于高架上，使其形成悬垂式盆景。

浇水

盆栽凌霄，生长期要保证充足的水分供应，经常保持盆土湿润。特别是夏季高温期，也正值开花时期，每天早晚都要浇水，但又不能使盆土积水。冬季要减少浇水，保持盆土湿润偏干即可。

施肥

凌霄喜肥，为使其生长旺盛，开花繁密，可在开花前施以氮、磷结合的稀薄液肥2~3次。开花后仍需要施以氮、磷结合的混合液肥，以促使植株生长繁茂。

修剪

为了促使凌霄生长旺盛、开花繁茂，可在早春发芽前将纤弱、冬枯及拥挤的枝条剪掉，使之通风透光，以利生长和开花。

繁殖

凌霄繁殖可用扦插法。在春、夏季都可进行，选较粗的一年生枝条，剪长10~15厘米的做插穗，剪去叶片，在插床上按行距15~20厘米、株距5厘米的距离，把插条的2／3插入土中，压紧、浇水即可。

病虫防治

凌霄的病虫害较少，但在春秋干旱季节枝梢易遭蚜虫危害，要注意及时防治。

金银花

别　名：土银花、生银花、山银花、忍冬。
原产地：中国。
习　性：喜阳也耐阴、较耐寒、不怕旱，适宜肥厚、
　　　　湿润的沙质壤土。
花　期：5~7月。
特　色：生存力强，花香清雅，花叶俱美，常绿
　　　　不凋，是清热解毒的良药。

养护秘诀

栽植

栽植金银花宜选较大的花盆，栽上1~2株，培养土用肥沃的园土、腐叶土和沙土混合配制，栽前在盆底施入少量腐熟的饼肥、厩肥，并加少许过磷酸钙做基肥，栽后要浇透水。

浇水

给金银花浇水，要"见干见湿"，盆土不可过湿，梅雨季节要注意防涝。夏季酷暑时，需要增加浇水次数，并及时向叶面及周围地面喷水。冬季待盆土发白时再浇水。

施肥

盆栽金银花在生长旺盛期可结合浇水施肥，每15天左右施稀薄肥水一次，既有利植株生长，又可延长花期。

修剪

一般金银花从播种到第四年为幼龄期，这个时期可重剪修整，使之定型。具体方法是在金银花枝高50厘米处剪去上部，促进侧芽迅速萌动生长，每年都把向下长的枝条剪掉，并将徒长枝按品种不同修剪成合理的株型。

金银花盛花期为4~20年。这个时期宜对弱枝、密枝重剪，对二年枝、强壮枝轻剪。同时实行四留和四剪，四留为留壮芽、饱满芽、上枝芽、向上枝，四剪为剪向下枝、下芽、弱枝、瘦小芽，并将基部萌发的芽抹掉，以减少养分的消耗。

金银花衰老的特征是：叶稀，色淡，多老枯枝、瘦花，枝冠瘦小萎缩。此时要枯枝全剪、病枝重剪、弱枝轻剪、壮枝不剪。

繁殖

扦插法：于6~7月梅雨季节，取健壮的茎蔓一段，长10~15厘米，去除下部叶片，斜插于土中，扦插深度为插穗长度的1/2，扦插后浇足水，以后保持土壤湿润，每天早晚向插穗喷雾1~2次，以保持空气湿度，利于伤口愈合，20天后便能生根。

播种法：10月采收果实，取出种子，阴干保存至第二年春播前。播种前用25℃温水浸泡种子24小时，与湿沙混合后置于室内，每天搅拌2次，等种子开始破口露白时进行播种，播后10天左右即可出苗。

⁺病虫防治

蚜虫可危害金银花的嫩叶和梢，发现后要及时刮除；还有蝙蝠蛾、叶蜂等虫害，可用1％阿维菌素2 000倍液防治。

紫薇	别　名：百日红、满堂红、痒痒树。
	原产地：亚洲。
	习　性：喜温湿、怕水渍、较耐寒与抗旱，适宜疏松、肥沃、含粗沙砾的土壤。
	花　期：7~9月。
	特　色：花期长久，有"百日红"之称，花色艳而穗繁，是观花、观干、观根的盆景良材。

养护秘诀

栽植

盆栽紫薇，可选用腐叶土、园土和沙土以1∶1∶1的比例配制培养土，栽前加入适量腐熟的复合肥做基肥。生长季节宜放置在向阳处，可使新枝抽生健壮，开出较多的花，花期可保持数月之久。

浇水

紫薇耐旱怕涝，浇水以保持盆土湿润为度。春秋季可酌情浇水。夏季气温高，紫薇又正处于花叶繁茂时期，盆土不可缺水，这段时间，盆土半干就要浇水。每次浇水都要浇透，但千万不能使盆土积水，否则会烂根。

施肥

紫薇喜肥，供应充足的肥料是使紫薇多孕蕾、开好花的关键。盆栽每年春季翻盆换土，要施足基肥，换上新的培养土。发芽后，每15天施稀薄腐熟有机肥水一次，新梢花芽分化时，可施0.2%的磷、钾肥液2~3次，每10天施一次。

修剪

紫薇耐修剪，发枝力强，新梢生长量大。因此，花后要将残花剪去，可延长

花期，对徒长枝、重叠枝、交叉枝、辐射枝以及病枝随时剪除，以免消耗养分。

繁殖

紫薇一般采用分株、播种的繁殖方法。

分株法：早春三月将紫薇根系萌发的萌蘖与母株分离，另行栽植，浇足水即可成活。

播种法：播种在春季3~4月，在沙质土壤上条播，播后及时浇水并遮阴即可。

病虫防治

紫薇的主要虫害有绒蚧、黄刺蛾。

绒蚧： 秋冬及时剪除有虫枝条，消灭越冬虫。落叶后或翌春发芽前，喷3波美度石硫合剂，消灭越冬若虫。于6月中旬、8月底2代若虫进入孵化盛期时喷洒10%高效氯氰菊酯乳油2 000倍液。

黄刺蛾： 冬季结合修剪，清除树枝上的越冬茧，从而消灭或减少虫源。最好能在幼虫扩散前用药，可喷施80%敌敌畏乳油1 000倍液，或50%辛硫磷乳油1 000倍液，或2.5%溴氰菊酯乳油4 000倍液防治。

扶桑花

别　名：	朱槿、赤槿、日及、佛桑、红扶桑。
原产地：	中国。
习　性：	喜温暖、湿润气候，不耐寒冷，要求日照充分。适生于有机物质丰富土壤。
花　期：	4~11月。
特　色：	花色鲜艳，花大形美，品种繁多，四季开花不绝，全世界有3 000多个品种。

养护秘诀

栽植

选择1~2年生的健康壮实的枝条，剪为长10~15厘米的小段，留下顶端的2枚叶片，其余叶片摘掉。将枝条插进盆土中，插入深度为枝条总长度的1/3左右即可，浇透水分。用塑料袋把花盆罩起来，放置在半阴处，每1~2天喷水一次。当枝条长出新叶后，揭去塑料袋，正常护理即可。

浇水

扶桑花喜欢潮湿，畏干旱，也不能忍受水涝，所以浇水的量和时间一定要合适，土壤不可太干或太湿。

施肥

在生长季节应留意对植株追施肥料，可以每15~20天施用液肥一次。花期不可施用过浓的肥料。

修剪

当扶桑花小苗长至20厘米高的时候，可以采取首次摘心处理。在基部发芽成

枝期间，挑选并留下生长强度相当、分布均匀的3~4个新枝，之后把剩下的腋芽抹掉。

　　春天移出室内前需进行重剪，每个侧枝茎部只需要留存2~3个芽，之后把上部枝条、病虫枝及稠密枝都剪掉。

繁殖

　　扶桑花的繁殖有播种、扦插、嫁接等多种方法。主要以扦插繁殖为主，一年四季均可进行，以5~6月最佳，冬季只能在温室中进行。剪取当年生健壮略呈木质化枝条，截成10~12厘米，去掉下部叶片，只保留顶部1~2片叶，切口要平，插入干净河沙中，每天喷水，保持较高的空气湿度。置于有遮阴处，覆以塑料薄膜，经常喷水保温，20天左右即可生根。带有顶芽的插穗生根更快。

病虫防治

　　扶桑花较少受到病虫害的侵袭，主要病虫害是叶斑病及蚜虫危害。

叶斑病： 用70％甲基托布津可湿性粉剂1 000倍液即可。

蚜虫： 喷施40％氧化乐果乳油1 000倍液进行灭杀。

含羞草

别　　名：感应草、知羞草、怕丑草、见笑草、夫妻草。
原产地：南美洲。
习　　性：喜温暖湿润、阳光充足的环境，适生于排水
　　　　　良好、富含有机质的沙质壤土。
花　　期：3~10月。
特　　色：叶子会对热和光产生反应，受到外力触碰会
　　　　　立即闭合，所以得名含羞草。花形状似绒球。

养护秘诀

栽植

播种前宜先用温度为35℃的水将种子浸泡24小时，之后再进行播种，以便于萌芽。

如果在小号花盆内直接播种，每一盆可以播入1~2颗种子，播完后盖上厚1.5~2厘米的土。

播种后要令盆土维持潮湿状态，温度控制在15℃~20℃，经过7~10天便可萌芽长出幼苗。小苗生长至3厘米高的时候，带上土坨移植到中型花盆中。

浇水

在阳光充足的环境中，每天浇水一次即可。夏天酷热干旱的时候则要于每日清晨和傍晚分别浇水一次。

施肥

小苗生长出4枚叶片的时候要开始对其施用液肥，通常每7~10天施用腐熟且浓度较低的液肥一次就可以。

修剪

平日要尽早将干枯焦黄的枝叶剪掉，更换花盆的时候要适度修剪干枯老化的根系，以促进植株生长和保持株型美观。

繁殖

含羞草为直根性植物，须根很少，适宜播种繁殖，而且最好采取直播的方法，以免移栽伤根。若必须移栽，应在幼苗期移栽，否则不易成活。作为一年生栽培的含羞草，一般于早春在室内播种。

病虫防治

含羞草的病虫害非常少，如果发生蛞蝓危害，可以在清晨撒施新鲜的石灰粉来杀灭。

木槿	别　名：里梅花、朝开暮落花、喇叭花。 原产地：中国中部。 习　性：稍耐阴，喜温暖、湿润气候，耐热又耐寒，喜水湿而又耐旱，对土壤要求不严。 花　期：7~10月。 特　色：木槿花如小葵，色彩有淡红、淡紫、紫红等，是重要的观花灌木，还有一定的食疗作用。

养护秘诀

栽植

选择即将栽植的木槿枝条，最好在土壤偏干时进行。将剪好的木槿枝条基部用100~200毫克／升萘乙酸浸泡18~24小时，插入土中。用塑料薄膜覆盖保温保湿数月，方可移植入盆，置入土壤，轻轻压实后浇入充足的水分。入盆后要放置阴凉处1周，再放到阳光处进行正常养护。

浇水

木槿喜欢潮湿，怕积水，在花期之内如果土壤较干应马上对植株浇水。立秋以后宜再浇一次水，以提高其抗寒性。

施肥

在移入盆中前要施入有机肥料，比如麸肥。在生长季节每月要施用2次肥料，以"少施薄施"为原则。

修剪

木槿具有较强的萌芽能力，禁得住修剪，在暮秋要及时把稠密枝、瘦弱枝等剪掉，以降低营养的耗费量，对植株的正常生长很有利。

为了培育丛生状的苗木，可在第二年春天对植株进行截干，以促使其基部萌生新枝。冬季最好将枝修剪到1.5米左右高，3月份再剪枝一次，但不要剪枝太多。

繁殖

木槿可用播种、扦插和嫁接繁殖。本处只介绍播种法及扦插法。

播种法：一般在春季4月进行。果实10月成熟后，11~12月采种最适宜，采收后剥出种子低温干藏，到翌春4月条播或撒播。

扦插法：扦插可于3月中旬至4月上旬结合修枝整形进行，插穗选择木质化的健壮枝条，长10~12厘米，露天扦插于沙质土壤，要保持土壤湿润，但成活率较低，最好扦插在有塑料膜保湿的苗床内，温度在17℃~20℃则极易成活。

病虫防治

木槿生长期间病虫害较少，病害主要有叶斑病和锈病；虫害主要有红蜘蛛、蚜虫、蓑蛾、夜蛾、天牛等。

病虫害发生时，可剪除病虫枝，选用安全、高效、低毒的农药喷杀。

患上叶斑病和锈病时，可用65%代森锌可湿性粉剂600倍液喷洒。

金琥

别　名：象牙球。

原产地：墨西哥。

习　性：喜肥沃并含石灰质的沙质土壤，要求阳光充足，但夏季仍需适当遮阴，盆土要求干燥。

花　期：6~10月。

特　色：寿命很长，栽培容易，浑圆碧绿，刺色金黄，刚硬有力，观赏价值很高。

养护秘诀

栽植

在母株上选好长1~2厘米的子球，将其切下来。在培植器皿中放好沙土，将子球插入其中。当子球在沙床中长出根后，即能入盆。入盆后可浇或喷洒少量的水一次，几日后就能成活。

浇水

金琥能忍受干旱，怕水涝，可是在生长季节需适量浇水。夏天是金琥生长比较旺盛的季节，应加大水分的供给量。干旱的时候应常浇水，适宜在早晨或傍晚时分进行，不可在酷热的正午浇太凉的水，若正午盆土太干燥，可以喷少量水令盆土表面略湿。

施肥

在生长季节，应结合浇水大约每15天施用1~2次含氮、磷、钾等成分的稀薄液肥。如果使用有机肥，那么就要完全腐熟，浓度应适宜。

修剪

金琥一般情况下不需要修剪，在每年的3~4月是最适合给金琥翻盆的时候，可将金琥从盆里取出来，修剪掉老根，千万不要伤到金琥的主根。

繁殖

播种法：播种在5~9月进行，用当年采收的种子出苗率高。发芽后30~40天，幼苗球体已有米粒或绿豆大小，可进行移栽或嫁接在砧木上催长。

嫁接法：将培育3个月以上的实生苗嫁接在柔嫩的量天尺上催长。待接穗长到一定大小时，可切下，晾干伤口后进行扦插盆栽。在土壤肥沃、空气流通的良好环境下，不经嫁接的实生苗生长也很快。上盆后的实生苗或嫁接子球，应放置在半阴处，忌阳光直射，7~10天后球体不萎缩即成活。

病虫防治

焦灼病：喷施50％托布津可湿性粉剂500倍液即可。

介壳虫、红蜘蛛、粉虱：喷施40％氧化乐果乳油1 000~1 500倍液或50％杀螟松乳油1 000倍液可以杀灭红蜘蛛。对介壳虫和粉虱则可以人工捕捉、灭杀。

太阳花

别　名：半支莲、龙须牡丹、洋马齿苋、午时花。
原产地：南美洲。
习　性：喜光，不耐寒，耐贫瘠，喜干燥沙土。
花　期：7~8月。
特　色：见阳光花开，早、晚、阴天闭合，故有"午时花"之名。花色繁多，有淡香味，易养易成活。

养护秘诀

栽植

在花盆底部排水的地方铺放几块碎砖瓦片，以便于排水。然后在花盆中放入土壤，将太阳花种子播入其中，浇透水分。太阳花播种后不用细心照料也能成活，只是盆土较干时浇一下水即可。

浇水

太阳花喜欢干燥，畏潮湿，若水分太多会使根茎发生腐坏，在生长季节需把握"见干见湿"的浇水原则。在雨季及雨水较多的区域则需留意尽早排出积水，防止植株遭受涝害。

施肥

太阳花通常不需施用肥料，在开花之前施用复合肥一次，能促进其萌生更多的新枝，令开花繁盛。如果每15天对植株施用1%磷酸二氢钾溶液一次，能令其花朵硕大、花色艳丽并能延长花期。

修剪

当植株比较大、渐趋老化、枝叶徒长或开花变少的时候，可以采取重剪措

施，仅留下高5~10厘米的枝叶，这样能令老植株得到更新，使其恢复原有的优良特性。

繁殖

播种法：春、夏、秋均可播种，气温20℃以上时种子萌发，播后10天左右发芽，覆土宜薄。

扦插法：用夏季剪下的枝梢做插穗，成活后即出现花蕾。此法多用于重瓣品种。

病虫防治

太阳花的病害很少，它经常受到的虫害主要是斜纹夜蛾及蚜虫危害。

斜纹夜蛾：在斜纹夜蛾幼虫期可以用40%乐斯本乳油800~1 000倍液或50%辛硫磷乳油1 000~2 000倍液进行喷洒灭除。

蚜虫：在植株的花芽胀大期内可以喷洒吡虫啉4 000~5 000倍液，在萌芽后用吡虫啉4 000~5 000倍液加入氯氰菊酯2 000~3 000倍液来防治蚜虫，坐果后则可以喷洒蚜灭净1 500倍液来处理。

令箭荷花

别　名:	孔雀仙人掌、孔雀兰。
原产地:	墨西哥。
习　性:	喜温暖、湿润的环境，忌阳光直射，耐干旱，耐半阴，怕雨淋。
花　期:	4~6月。
特　色:	其茎扁平呈披针形，形似令箭，花似睡莲，是点缀窗前、阳台和门厅的佳品。

养护秘诀

栽植

在令箭荷花的母株上剪下组织充实的茎，剪成6~10厘米长，晾2~3天。将剪下的茎插进盆土中，插入深度为2~3厘米就可以。插好后需及时浇水，并摆放在半阴凉的地方，每隔3天浇水一次，令土壤维持潮湿状态。1周后，可逐步让盆花接收散射光，约经过1个月即可长出根来，此后便可正常养护了。

浇水

令箭荷花喜欢潮湿，然而盆栽时如果土壤过于潮湿，容易导致根部发霉腐烂或花蕾凋落，因此盆土适宜偏干燥一些。

施肥

令箭荷花比较嗜肥，在生长季节可以用充分腐熟的麻酱渣、饼肥或马蹄片水加水进行稀释，每15天施用一次。

修剪

每年春天或秋天更换花盆时需将植株干枯腐烂的根剪掉，以促使其萌发新的根。在生长季节需尽早将多余的侧芽和基部的枝芽抹掉，以降低养分的损耗量，

确保开花繁多茂盛。

繁殖

令箭荷花常用扦插和嫁接两种方法进行繁殖。

扦插法：在每年3~4月间进行为好。首先剪取10厘米长的健康扁平茎做插穗，剪下后要晾2~3天，然后插入湿润沙土或蛭石内，深度以插穗的1/3为宜，温度保持在10℃~15℃，经常向其喷水，一般一个月即可生根并进行盆栽。

嫁接法：宜在25℃时进行。砧木可选仙人掌，在砧木上用刀切开一个楔形口，再取6~8厘米长的健康令箭荷花茎片做接穗，在接穗两面各削一刀，露出茎髓，使之成楔形，随即插入砧木裂口内，用麻皮绑扎好，放置于阴凉处养护。大约10天，嫁接部分即可长合，除去麻皮，进行正常养护。

病虫防治

令箭荷花经常发生的病虫害主要是褐斑病和各种虫害。

褐斑病：可以用50％多菌灵可湿性粉剂1 000倍液喷施来处理。

介壳虫、蚜虫、红蜘蛛：可以喷施50％杀螟松乳油1 000倍液来灭杀。

根结线虫：可以浇灌80％二溴氯丙烷乳油1 000倍液来处理。

吊竹梅

别　　名：吊竹兰、花叶竹夹菜、红莲。
原产地：墨西哥。
习　　性：喜温暖、湿润气候，较耐阴，不耐寒，耐水湿，适宜肥沃、疏松的腐殖土壤。
花　　期：7~8月。
特　　色：枝条自然飘曳，独具风姿；叶形似竹，斑纹明快，叶色美丽别致，深受人们的喜爱。

养护秘诀

栽植

　　选择健壮的吊竹梅枝条5~6株(上盆时要把5~6株合栽)，剪为长5~10厘米的小段，留下顶端的2枚叶片。将枝条插进盆土中，插入深度为枝条总长度的1/3左右即可，浇透水分。将花盆放置在荫蔽处半个月左右，生根后即可正常护理。

浇水

　　吊竹梅喜欢多湿的环境，在平日养护时应令盆土维持潮湿状态，不要过于干燥，不然植株下部的老叶易于干枯、发黄、凋落。在生长季节植株对湿度有着比较高的要求，除了每日浇水一次之外，还需时常朝叶片表面和植株四周环境喷洒水，以促使枝叶加快生长。当植株处于休眠期时，需注意控制浇水量。

施肥

　　吊竹梅在茎蔓刚开始生长期间，应每半个月追施浓度较低的液肥一次；在生长季节可每2~3周施一次液肥，同时增施2~3次磷肥和钾肥，以促进枝叶的生长，令叶片表面新鲜、光亮。

修剪

吊竹梅在生长期间应采取适度摘心、修剪、调整措施，令其分布匀称、造型优美。平日应留意进行摘心，以促使植株萌生新枝，令株型饱满。

及时将过于长的枝叶剪掉，以促进基部萌生出新芽、新枝。盆栽两年之后，应把老蔓都剪掉，并于春天更换花盆时把根团外面的须根剪除，以促进其萌发新的茎蔓和根系。

繁殖

扦插繁殖是大多数植物都可进行的一种繁殖方式，吊竹梅也不例外。对于吊竹梅来说，扦插繁殖是最容易、最基础，也是用得最多的繁殖方式，全年都可进行，不过春秋两季的温度最为适宜扦插。除了扦插繁殖，吊竹梅还可以进行分株繁殖，对于盆养的吊竹梅，待其生长成熟并且枝蔓覆盖整个盆时，可在春季换盆时进行分株繁殖，减少损害。

病虫防治

吊竹梅极少患病和遭受虫害。

蜀葵	别　名：一丈红、戎葵、吴葵、卫足葵、胡葵、秫秸花。 原产地：中国。 习　性：喜温湿，怕水渍，较耐寒与抗旱，适宜疏松、肥沃、含粗沙砾的土壤。 花　期：2~8月。 特　色：蜀葵茎直立而高，花如木槿花，有五色，嫩叶及花可食，皮为优质纤维，全株可入药。

养护秘诀

栽植

春天种子播下后，约7天即可萌芽。当小苗长出来后，要适度拔掉弱苗，以降低营养成分的损耗量，促使留存下来的植物健壮生长。当小苗生出2~3枚真叶的时候，进行定植分盆。每年老根萌发出新的芽时，要马上浇足水。栽培3~4年后，植株容易衰弱老化，要尽早进行更新。

浇水

蜀葵能忍受干旱，不能忍水涝，在生长季节浇水需适时、适量。

施肥

在幼苗的生长阶段，要施用2~3次以氮肥为主的液肥，并需时常清除杂草、翻松土壤，以促进植株健壮生长。当蜀葵的叶腋长出花芽之后，要马上施用磷、钾肥一次。

修剪

在开花之后将距离植株根部约15厘米的部位割断，能促进萌生出新的植株，也可以很好地掌控植株的高度。

繁殖

蜀葵通常采用播种法繁殖，也可进行分株和扦插繁殖。分株繁殖在春季进行，扦插法仅用于繁殖某些优良品种。生产中多以播种繁殖为主，在华北地区以春播为主，一般当年播种，当年开花。种子约一周后发芽，当长出2~3片真叶时进行一次移植。蜀葵幼苗易得猝倒病，所以对苗床土应加强管理，选用腐叶土、大田土并进行土壤消毒，或者播种时拌药土。

病虫防治

炭疽病：该病发生之初，可以用50%苯来特可湿性粉剂2 000倍液喷洒。

红蜘蛛、蚜虫：喷洒80%敌敌畏1 000倍液能有效防治红蜘蛛危害，喷洒40%氧化乐果乳油1 500~3 000倍液则能很好地防治蚜虫危害。

花烛

别　名：	安祖花、火鹤花。
原产地：	南美洲。
习　性：	常附生在树上，有时附生在岩石上或直接生长在地上，性喜温暖、潮湿、半阴的环境，忌阳光直射。
花　期：	4~6月。
特　色：	花叶俱美，花期长，为优质的切花材料，可以保持空气湿润。

养护秘诀

栽植

选取有多于3~4枚叶片的子株，带着根和茎从母株上切割下来。用水苔包裹好移植到花盆中，经过20~30天萌生新的根系后再上盆定植。上盆前在盆底铺放一些碎小的瓦片或粗沙粒，以便于排水。一般每隔1~2年于春天更换一次花盆。

浇水

花烛喜欢潮湿，不能忍受干旱，对水分的反应较为灵敏，尤其是空气湿度，以在80%~90%为宜。

施肥

在植株的生长季节，可以每隔1~2周施用液肥一次，适宜把缓释肥与水溶性肥料结合到一起使用，以促进植株长得更加繁茂。进入秋天后则不要再对植株施用肥料，以令其生长得健壮，便于过冬。

修剪

通常每2周摘一次叶片，使每一株留下3~4枚叶片，每个芽最少留下1枚叶片。当侧芽过多的时候则要

采取疏芽措施，使每一株留下1~2个侧芽就可以。

繁殖

分株法：分株时期主要在凉爽高湿的春季，秋季阴凉天气也可分株。切忌在炎热的夏天或干燥寒冷的冬季分株。分株时以"不伤母株"为原则，太大的侧芽不分，靠太紧的侧芽不分，太弱小的侧芽也不分，主要分出比较容易与母株分离且较为健壮、至少有2条主要根系的侧芽。

扦插法：对直立性有茎的花烛品种可采用扦插繁殖，剪取带1~2个茎节、有3~4片叶的做插穗，插入水苔中，待萌发新根后定植盆内。

播种法：播种法一般在育种中才使用。花烛自然授粉不良，需经人工授粉才能得到种子，种子成熟后，要随采随播。

病虫防治

叶斑病、花序腐烂病、炭疽病：可以用等量式波尔多液或65%代森锌可湿性粉剂500倍液喷施来防治。

红蜘蛛、介壳虫：可以喷施50%马拉松乳油1 500倍液来灭除。

紫茉莉

别　名：粉豆花、夜饭花、状元花。
原产地：南美洲。
习　性：喜温暖而湿润的气候条件，不耐寒，冬季地上部分枯死，来年春季续发长出新的植株。
花　期：6~10月。
特　色：花午后开放，有香气，次日午前凋萎。根、叶可供药用，有清热解毒、活血调经和滋补的功效。

养护秘诀

栽植

种植前要在培养土中施入适量的底肥，以促进植株生长。播种后盖上厚3~5厘米的土，温度控制在15℃~20℃，经过6~10天便可萌芽。

浇水

在植株的生长期内要令土壤维持湿润状态，每2~3天浇一次水即可。

施肥

在植株的生长期内，可于每周黄昏时分施用1~2次浓度较低的液肥，以促使其健壮生长。

修剪

紫茉莉夏天生长很快，要及时修剪，盆栽紫茉莉修剪保留基部10~15厘米，促发多数粗壮新梢，如新梢长势很旺，应在生长10厘米时摘心，促发二次梢，则开花较多，且株型紧凑。花凋谢后应及时把花枝剪去，减少养分消耗，也能促长新梢，使枝密、芽多、开花多。

繁殖

播种法：紫茉莉宜在3~4月播种育苗，苗长出2~4片叶子时定植，株距50~80厘米为宜。移植后注意遮阴。紫茉莉管理粗放，容易生长，注意适当施肥、浇水即可。

块根法：北方秋末可将地上部分剪掉挖起宿根，用潮土埋在花盆里放低温室越冬。来年春季露地继续栽培，成株快，开花早。块根会逐年膨大，每年发出新枝开花结实。

病虫防治

紫茉莉的病虫害较少，天气干燥易长蚜虫，平时注意保湿可预防蚜虫。

美人蕉

别　名：兰蕉、红艳蕉。
原产地：印度。
习　性：喜湿润，忌干燥，不耐寒。在温暖地区无休眠期，可周年生长。
花　期：6~10月。
特　色：全株绿色无毛，花冠大多为红色或黄色，自6月至霜降前开花不断，总花期长。

养护秘诀

栽植

截取一段美人蕉的根茎，根茎上必须保留2~3个芽。将土壤放入花盆中，再将美人蕉的根茎插入土壤，深度为8~10厘米，栽好后浇透水分。当美人蕉的叶子伸展到30~40厘米后，需进行一次平茬。平茬后每周施2次稀薄的有机液肥，并保持土壤湿润，大约30天后就会开出花朵。

浇水

美人蕉可以忍受短时间的积水，然而怕水分太多，若水分太多易导致根茎腐坏。美人蕉刚刚栽种时要勤浇水，每天浇一次，但水量不宜过多。干旱时，应多向枝叶喷水，以增加湿度。

施肥

栽植前应在土壤中施入充足的底肥，生长期内应经常对植株追施肥料。当植株长出3~4枚叶片后，应每隔10天追施液肥一次，直到开花。

修剪

北方各地霜降后应将地上枯黄的部分剪掉，挖出根茎，稍稍晾晒后放在屋内用沙土埋藏，第二年春天再重新栽植。

繁殖

播种法：播种之前，先将种皮用利器割口，最好是在4~5月进行，放置在25℃的温水中浸泡24小时。

分根茎法：在3~4月进行，将老根茎挖出分割成块状，栽种后浇足水。

分株法：用锋利的工具从植株间垂直向下切割，栽后注意要浇透水。

病虫防治

美人蕉的病虫害很少，但较易患黑斑病。当美人蕉患上黑斑病时，叶片会生有大枯斑。因此，在发病初期应剪除病叶并烧毁，同时喷洒65％代森锌可湿性粉剂500~800倍液，每10~15天喷一次，连续喷洒2~3次即可。

合欢	别　名：绒花树、鸟绒、马缨花。 原产地：中国、韩国、朝鲜、日本。 习　性：喜光，喜温暖，耐寒、耐旱、耐土壤瘠薄，对轻度盐碱有较强的抗性。 花　期：6~7月。 特　色：合欢花为粉红色，寓意家人团结，夫妻和睦。合欢树高可达16米，是城市行道树、观赏树。

养护秘诀

栽植

　　9~10月挑选籽粒饱满、无病虫害的荚果，将其晾晒脱粒，藏于干燥通风处，以防止种子发霉。播种前先用60℃的水浸泡合欢的种子，第二天更换一次水，第三天从中取出种子。种子取出后要跟水等量的湿沙混合，然后堆放在温暖避风处，再覆上稻草、报纸等以保持湿度，促使长出幼苗。5~8天后，合欢芽长出，这时要浇透水。幼苗出土后逐步揭除覆盖物，当第一片真叶抽出后，则将覆盖物全部揭去，以保证其正常生长。

浇水

　　合欢能忍受干旱，不能忍受潮湿，除了在栽种之后要增加浇水次数并浇透一次之外，以后皆可少浇水。

施肥

　　定植之后要定期施用肥料，以春天和秋天分别施用一次有机肥为宜，这样可以提高其抵抗病害的能力。

修剪

每年冬末要剪掉纤弱枝和病虫枝，并适当修剪侧枝，以使主干不歪斜、树形秀美。

繁殖

用种子播种繁殖，春秋都可播种，播前可用60℃温水浸种，浅盆穴播，覆土1~2厘米，以浸盆法给水，保持湿润，在15℃~20℃条件下，经7~10天出苗，苗高5厘米时上盆。

+病虫防治

合欢主要易患溃疡病和虫害。

溃疡病：可用50％退菌特可湿性粉剂800倍液喷洒。

天牛、木虱：如果合欢感染了天牛，则用煤油1千克加80％敌敌畏乳油50克灭杀。如果合欢感染了木虱，则可用40％氧化乐果乳油1 500倍液喷杀。

鱼尾葵

别　名：假桃榔、青棕、钝叶、董棕、假桃榔。
原产地：亚洲热带、亚热带及大洋洲。
习　性：喜疏松、肥沃、富含腐殖质的中性土壤，不
　　　　耐盐碱，也不耐干旱、水涝。
花　期：5~7月。
特　色：叶片厚，革质，大而粗壮，上部有不规则齿
　　　　状缺刻，先端下垂，酷似鱼尾。

养护秘诀

栽植

在培养土里加进较少的充分腐熟的饼肥作为底肥，以促使植株健壮生长。把根基部萌发出的新芽切割下来。将切下来的植株上新盆，浇足水并保持基质湿润，将温度控制在25℃左右，经过1个月后便可定植。栽后通常每隔1~2年要更换一次花盆，多于初春进行。

浇水

生长季节，每2天浇一次水即可。在植株四周的地面喷洒清水，以增加空气湿度，但要注意不可积聚太多的水。冬天要适度减少浇水的量和次数，使盆土保持"见干见湿"状态就可以。

施肥

在生长季节，要每半个月对植株追施一次肥料，冬天则不要再施用肥料。

修剪

生长期间，随时把基部干枯萎缩及残破损坏的叶片剪掉，以避免降低其观赏价值。当植株长得太高时可以进行截顶处理，以促进其萌生侧芽，令植株形态愈加丰满。

繁殖

播种法：采种后即播，覆土厚度约为种子直径的2倍，保持湿润，2~3个月可出苗。苗期需增加空气湿度并遮阴。

分株法：对多年生大株，基部分蘖较多时，可结合春季换盆，分切成2~3丛另植。

病虫防治

鱼尾葵常见的病害是炭疽病、黑斑病。

炭疽病：在发病之初可以用50％多菌灵可湿性粉剂800倍液或75％百菌清可湿性粉剂500~800倍液进行喷洒，连喷多次就能有效处理。

黑斑病：要马上剪掉病叶并将其烧毁，在发病之初用1％等量式波尔多液或70％代森锰锌可湿性粉剂500倍液喷洒就能处理。

仙人掌

别　名：仙巴掌、观音掌、霸王、火掌。
原产地：墨西哥、美国南部及东南部沿海地区。
习　性：耐炎热、干旱、瘠薄，生命力顽强，管理粗
　　　　放，很适于在家庭阳台上栽培。
花　期：6~8月。
特　色：热带植物，身体翠绿，茎的形状像手掌，浑
　　　　身是硬刺。

养护秘诀

栽植

从母株上选取一个优质的子株，进行切割。将切割下来的子株放置在通风处晾2~3天，然后插入盆土中，不用浇水，少量喷水即可。子株移至盆中后大约7天，即可生根、成活。

浇水

在生长期内应适当加大浇水量，如果排水良好，可以每日浇一次水。在夏天温度较高时，以在上午9点之前或下午7点之后浇水为宜，正午温度较高时不可浇水。在冬天植株处于休眠期时，每1~2周浇水一次。

施肥

仙人掌需要的肥料比较少，主要是施用磷肥和钾肥，可每2~3个月施用一次。在生长季节每月施用1~2次以氮为主的液肥为宜，并适量补施磷肥，可促进仙人掌的生长。但当仙人掌的根部受到损伤且没有恢复好时，以及当植株处于休眠期时，都不可施用肥料。

修剪

仙人掌长势较慢，根系不旺盛，利用修剪的方式能调整营养成分的妥善分

派。为了得到肥大厚实的茎节做砧木，要注意疏剪长势较差和被挤压弯曲的幼茎，每一个茎节上至多留存两枚幼茎，以保证仙人掌挺直竖立。

繁殖

家庭栽种仙人掌，多用无性繁殖，即分株法、扦插法和嫁接法。

分株法：多数仙人掌类花卉极易分生子苗或子球，将其子苗或子球拔下另行栽植，极易成活。

扦插法：家庭栽培叶类、扇类、柱类仙人掌，大多采用扦插法繁殖，成活率极高。扦插时间在春、夏、秋皆可。

嫁接法：球状仙人掌大多选用量天尺为砧木，用嫁接法繁殖，美观别致。嫁接时间一般在4~10月。嫁接应选天气晴朗、干燥时进行，不能在阴雨天嫁接。

病虫防治

仙人掌易患腐烂病，此病应以防为主。仙人掌要求环境干净、通风良好、光线充足、温度适中，这样才能正常生长。如果发现盆土渍水，则要立即扣盆，洗净根系并吹干；如果根系没有变色，须根的根毛完好无损，则可放置在半阴处观察两天；根系坏的地方可以剪去，晾干伤口后再栽；根系全部坏的要全部剪去。

变叶木

别　名：洒金榕。

原产地：亚洲马来半岛、大洋洲。

习　性：喜高温、湿润和阳光充足的环境，不耐寒，土壤以肥沃、保水性强的黏质壤土为宜。

花　期：5~6月。

特　色：叶形千变万化，叶色五彩缤纷，是观叶植物中叶色、叶形和斑纹变化最丰富，也是最具形态美和色彩美的盆栽植物之一。

养护秘诀

栽植

选用籽粒饱满、没有残缺或畸形、没有病虫害的种子。种子保存的时间越长，其发芽率越低。用60℃左右的热水浸泡种子15分钟。再用温热水（温度和洗脸水差不多）催芽12~24小时，直到种子吸水并膨胀起来。细小种子可以用一端沾湿的牙签一粒一粒地粘起放在土壤表面，然后覆盖1厘米厚的土壤，再用浸盆法使土壤湿润，较大种子可直接放到土壤中，按3厘米×5厘米的间距栽培，再覆盖为种粒2~3倍厚度的土壤，然后用喷雾器、细孔花洒将基质淋湿，以后当盆土略干时再次淋水，但要注意浇水力度不能过大，以免将种子从土中冲出来。

浇水

变叶木喜欢潮湿，忌干燥，浇水时应奉行"宁湿勿干"的原则。生长期茎叶生长迅速，应给予充足水分，除了向土壤浇水，还要每天向叶面喷水，使空气保持较高湿度的同时还能使叶面保持光洁。

施肥

花期前应适当增施磷、钾肥，这样可以让花朵更大，色彩更鲜艳。花期每周

施氮肥一次。冬季停止施肥。

花期过后，最好将一部分花梗剪除，以减少养分的消耗。

繁殖

变叶木的繁殖多用扦插法，压条法也可。

扦插法：可在3月上旬前植株尚未发芽时进行，此时切取枝梢2~3节进行温室盆插。也可以在发芽后到7月新芽停止生长期间进行嫩枝扦插。

压条法：一般在6~7月进行。在压条前首先在压条处进行环剥，然后以水藓或河沙培养土包扎给水。温度保持在27℃左右3周就可生根。枝粗时可用小花盆进行高空压条。

病虫防治

黑霉病、炭疽病：可用50%多菌灵可湿性粉剂600倍液喷洒。

介壳虫、红蜘蛛：室内栽培时，由于通风条件差，往往会发生介壳虫和红蜘蛛危害，用40%氧化乐果乳油1 000倍液喷杀。

夜来香

别　　名：月见草、夜香花。

原产地：南美洲。

习　　性：喜温暖、湿润和向阳、通风环境，适应性强，但不耐寒，适生于肥沃、疏松和微酸性的土壤。

花　　期：5~8月。

特　　色：夏秋开花，花朵为黄绿色，气味香，尤以夜间更盛，可驱蚊。

养护秘诀

栽植

当植株生长处于半木质化时，剪下30厘米左右的健壮茎蔓做插穗，且要含有3~5个节。将其插入培养土中，插入深度是插穗总长的1／2或2／3。插后浇足水并令土壤维持潮湿状态，经过20~30天便可长出新根、萌生新芽。移植适宜于5月中旬进行，需尽可能地少损伤根系，掘出苗木后需马上进行移植。

浇水

夏天干旱时除了要令盆土维持潮湿状态之外，还要时常朝叶片表面喷洒清水，以增加空气湿度，促进植株生长。冬天对植株要适度少浇一些水。

施肥

在植株的生长期内需追施2~3次复合肥，也就是在苗期追施2千克~3千克的尿素和1.5千克的过磷酸钙，在开花之初追施10千克的尿素和4千克~5千克的过磷酸钙。

修剪

平日要留意尽早将干枯焦黄的叶片剪掉，以降低营养成分的损耗量，促进植株健壮生长及保持优美的植株形态。

繁殖

分枝法：夜来香的萌芽能力比较强，将植株从根部分为两株或者数株进行繁殖，这种方法进行繁殖的速度快，但也会受到限制。

扦插法：在春秋时节进行扦插繁殖，夜来香繁殖能力强，易生不定根，可以取母株插入泥土中进行扦插，气温在20℃左右繁殖速度最快，偏酸性的土壤利于扦插繁殖。

高取压枝法：夜来香枝条坚硬，不宜弯曲牵引，在生长期间于当年或者隔年枝梢分叉处用刀把皮削去，将泥土抹在伤口处，用薄膜包好，等到生根后把枝条剪下来，进行种植即可。

病虫防治

夜来香经常发生的病害为腐烂病及枯萎病。

腐烂病：可以喷洒75％百菌清可湿性粉剂1 000倍液或50％托布津可湿性粉剂1 500倍液来治理。

枯萎病：要马上把病株拔掉，并把其四周的土壤翻开撒施生石灰消毒30天后再补种上新苗，也可以喷洒50％多菌灵可湿性粉剂600倍液或枯萎立克600~800倍液来治理。

紫露草

别　名：紫鸭趾草、紫叶草。

原产地：墨西哥。

习　性：喜温暖、半阴、湿润环境，不耐寒，对土壤要求不严。

花　期：5~10月。

特　色：花期长，株型奇特秀美。用于花坛、道路两侧丛植效果较好。

养护秘诀

栽植

种植时间最好是在春天，一般于3月下旬到4月上旬幼叶钻出土面时结合分株进行移植及定植。上盆后放在向阳或半向阳的地方。

浇水

在夏天和气候干燥时，除了每日浇水之外，还要每日朝枝叶喷洒1~2次清水，以维持比较大的空气温度，并留意加强通风效果、降低温度。冬天需注意控制浇水，

并时常用水温和室内温度相近的清水喷洒、冲洗植株的枝叶，以免灰尘附着在枝叶表面，影响观赏。

施肥

在植株的生长旺盛期，大约每隔半个月施用以氮肥为主的复合肥一次，施完肥后应马上浇水，以免肥料损伤根系。

修剪

为了令植株形态维持优美及延长开花时间，可以于8~9月进行一次平茬，以促使新的蘖芽加快生长。

繁殖

紫露草可分株、扦插繁殖。

分株法：分株繁殖一般在早春发芽前进行。因为早春时节气温不高，植株蒸腾作用小，切口不易腐烂。因此繁殖时可将生长旺盛、体型好的植株作为母株，挖出后去掉根部土壤，用小刀将簇根蘖切开，每块上有2~3芽即可。

扦插法：扦插时间没有特定要求，温床扦插时间可在全年各时期进行，冷床扦插时间除冬季休眠期以外均可以进行。

病虫防治

紫露草的病虫害较少。

石竹

别　　名：中国石竹、洛阳石竹、石菊、绣竹、香石竹。
原产地：中国。
习　　性：喜阳，耐寒，耐干旱，忌涝，喜排水良好、肥沃沙质壤土。
花　　期：5~6月。
特　　色：花瓣阳面中下部组成黑色美丽环纹，盛开时瓣面如碟闪着绒光，绚丽多彩。

养护秘诀

栽植

播种繁殖通常于8~9月进行。把种子播种到盆中，播后盖上厚1厘米左右的土，浇足水并令土壤维持潮湿状态，温度控制在20℃~22℃。播种后5天便可萌芽，10~15天便可长出幼苗。栽后通常每隔1~2年要更换一次花盆和盆土，多于春天进行。

浇水

夏天多雨时期要及时清除积水、翻松土壤。冬天对植株要适度少浇一些水，使盆土保持"见干见湿"的状态就可以。

施肥

在植株的生长季节，可以大约每隔10天施用腐熟的浓度较低的液肥一次。

修剪

当植株生长至15厘米高的时候可以将顶芽摘掉，以促使其萌生更多的分枝。如果分枝太多，则要适度摘掉腋芽，以防止营养成分不集中，令花朵变小。在植株开花之前需尽早把一些叶腋部位的花蕾除去，以确保顶花蕾开得繁密茂盛、颜色鲜艳。

繁殖

石竹的繁殖有播种、扦插和分株等方法。其种子发芽温度为20℃~22℃，可在9月进行，播种后盖沙土，10天左右长出小苗。扦插一般在10月或2~3月，将6~9厘米木质化枝条插于盆土中，20天左右即可生根。分株在早春或秋季进行，多在花后利用老株分株。

病虫防治

锈病：用50%萎锈灵可湿性粉剂1 500倍液喷施就能有效防治。

红蜘蛛：用40%氧化乐果乳油1 500倍液喷施即可杀除。

萱草	别　名: 黄花菜、金针菜、鹿葱、川草花、忘郁。 原产地: 中国。 习　性: 喜湿润，也耐旱、耐寒，喜阳光又耐半阴。对土壤选择性不强，但以富含腐殖质、排水良好的湿润土壤为宜。 花　期: 5~7月。 特　色: 花早上开晚上凋谢，无香味，橘红色至橘黄色，内花被裂片下部一般有"∧"形彩斑。

养护秘诀

栽植

先在盆中施入足够的底肥，然后埋入种子。将土壤轻轻地压实，浇透水。将花盆放置在荫蔽处，大约经过20天就可长出幼苗了。

浇水

春秋两季萱草长势较强，应每天浇一次水。夏天气温高，蒸发量大，应每隔1~2天给萱草浇一次水，但浇水量不宜过多。在

萱草的花蕾期，必须经常保持土壤湿润，防止花蕾因干旱而脱落，要多浇水。浇水要浇足、浇匀，以早晨和傍晚为宜。

施肥

种植后第一年要施一次肥料，以后每年追施3次液肥为好。此外，在进入冬天之前宜再施用一次腐熟的有机肥，以促进萱草第二年的生长发育。

修剪

由于萱草的根系生长得比较旺盛，有一年接一年朝地表上移的动向，因此每年秋冬交替之际皆要在根际垒土，厚约10厘米即可，并注意及时除去杂草。

繁殖

萱草生性强健而耐寒，喜好充足的阳光，亦耐半阴，对环境适应性较强，栽培容易，管理简便。既可做地栽，也可做盆栽。萱草对土壤要求不高，但以富含腐殖质、排水良好之湿润土壤为好。繁殖以分株为主，在春季或秋季进行，每丛带2~3个芽，用腐熟堆肥做基肥。春季分株者，夏季即可开花。一般3~5年分株一次，就能保证母株强壮。

⁺病虫防治

锈病、叶斑病和叶枯病是萱草易发病害。

锈病：可危害其叶片、花葶。防治主要以喷施粉锈宁、敌锈钠等杀菌剂为主。

叶斑病：常发生在叶片主脉两侧的中部，发病时可喷洒波尔多液或石硫合剂。

叶枯病：主要危害叶片，也危害花葶，严重时全叶枯死。防治时可用50%多菌灵可湿性粉剂600~800倍液喷洒。

八仙花

别　名：绣球、斗球、草绣球、紫绣球、紫阳花。
原产地：中国、日本。
习　性：喜温暖、湿润，不耐干旱，亦忌水涝；喜半
　　　　阴环境，不耐寒，适宜在肥沃、排水良好的
　　　　酸性土壤中生长。
花　期：6~8月。
特　色：花朵丰满，大而美丽，其花色有红、蓝、
　　　　紫、绿，令人赏心悦目。

养护秘诀

栽植

把植株移栽到新花盆中后，先将土压好。浇充足水分，再将盆放置在荫蔽的地方。大约10天后，可将盆移至室外正常养护。

浇水

八仙花喜欢潮湿，怕旱怕涝。在春、夏、秋三个生长期内，每日应浇一次水，令盆土经常处于潮湿状态。在炎热的夏天，花盆中的水分蒸发量较大，更要为其提供足够的水分，从5月到8月末，除浇水外，还要每日或每隔一日朝叶片表面洒一次水。冬天浇水则以"不干不浇"为原则。

施肥

八仙花嗜肥，在生长季节通常需每隔15天左右施用腐熟的稀薄饼肥水一次。在孕蕾期内多施用1~2次磷酸二氢钾，则可以令植株花大色艳。

修剪

八仙花的生命力较强，禁得住修剪。当幼株长到10~15厘米的时候便能进行摘心，这样可以促其下部萌生腋芽。摘心后，可挑选4个萌生好的中上部的新枝条，把其下部的所有腋芽都摘掉。等到新枝条有8~10厘米长的时候，再施行第二次摘心，促进新枝条上的芽健壮成长，对翌年开花十分有益。花朵凋谢后马上把老枝截短，仅留下2~3个芽，以促使其萌生新枝，防止植株长得太高。

繁殖

八仙花可采用分株法、压条法和扦插法繁殖，一般多采用扦插法。八仙花的扦插在梅雨季节进行。剪取顶端嫩枝，长20厘米左右，摘去下部叶片，扦插适温为13℃~18℃，插后15天生根。

病虫防治

八仙花不易受虫害，常见病害多为叶部病害，如白腐病、灰霉病、叶斑病等。所以要定期施药剂预防，发现病情后需及时喷施65%代森锌可湿性粉剂600倍液，病重叶片可摘除烧毁。

秋季编

Autumn

秋季养花科学新知

适时搬花入房

秋季花卉入室时间要灵活掌握，不同花卉入室时间也有差异。米兰、富贵竹、巴西木、朱蕉、变叶木等热带花木，俗称高温型花木，抗寒能力最差，一般气温在10℃以下，极易受寒害，轻则落叶、落花、落果及枯梢，重则死亡。所以此类花木在气温低于10℃就要搬进房内，置于温暖向阳处。天气晴朗时，要在中午开窗透气，当温度过低时，要及时采取防冻措施。

对于一些中温型花卉，比如康乃馨、君子兰、文竹、茉莉及仙人掌、芦荟等，在5℃以下低温出现时，要及时搬入房内。天气骤冷时，可以给花卉戴上防护套。

山茶、杜鹃、兰花、苏铁、含笑等花卉耐寒性较好，如果无霜冻和雨雪，就不必急于进房。但如果气温在0℃下时，则要搬进室内，放在朝南房间内，也可完好无损地度过秋冬季节。而对于耐寒性较强的花卉可以不必搬进室内，只要将其置于背风处即可。这些花卉一旦遇上严重霜冻天气，临时搭盖草帘保温即可。

适量浇水施肥

秋天是大多数花卉一年中第二个生长旺盛期，因此水肥供给要充足，

才能使其茁壮生长，并开花结果。到了深秋之后，天气变冷，水肥供应要逐步减少，防止枝叶徒长，以利提高花卉的御寒能力。对一些观叶类花卉，如文竹、吊兰、龟背竹、橡皮树、棕竹、苏铁等，一般可每隔半个月左右施一次腐熟稀薄饼肥水或以氮肥为主的化肥。

对一年开花一次的梅花、蜡梅、山茶、杜鹃、迎春等应及时追施以磷肥为主的液肥，以免养分不足，导致第二年春天花小而少甚至落蕾。盆菊从孕蕾开始至开花前，一般宜每周施一次稀薄饼肥水，含苞待放时加施1~2次0.2％磷酸二氢钾溶液。

盆栽桂花，入秋后施入以磷为主的腐熟稀薄饼肥水、鱼杂水或淘米水。对一年开花多次的月季、米兰、茉莉、石榴、四季海棠等，应继续加强肥水管理，使其花开不断。对一些观果类花卉，如佛手、果石榴等，应继续施2~3次以磷、钾肥为主的稀薄液肥，以促使果实丰满，色泽艳丽。

修剪整形要点

从理论上讲，入秋之后，平均气温保持在20℃时，多数花卉常易萌发较多嫩枝，除根据需要保留部分枝条外，其余的均应及时剪除，以减少养分消耗，为花卉保留养分。对于保留的嫩枝也应及时摘心。

如菊花、大丽花、月季、茉莉等，秋季现蕾后待花蕾长到一定大小时，仅保留顶端一个长势良好的大蕾，其余侧蕾均应摘除。又如天竺葵经过一个夏天的不断开花之后，需要截枝与整形，将老枝剪去，只在根部留约10厘米高的桩子，促其萌发新枝，保持健壮优美的株型。

对榆、松、柏树桩盆景来说是造型、整形的重要时机，可摘叶攀扎、施薄肥、促新叶，叶齐后再进行修剪。

秋季花卉的常见病虫害

秋季虽然不是病虫害的高发期，但也不能麻痹大意，比如菜青虫和蚜虫是花卉在秋季易发的虫害。在秋季，香石竹、满天星、菊花等花卉要谨慎防治菜青虫的危害，菊花还要防止蚜虫侵入，以及发生斑纹病。

非洲菊在秋天容易受到叶螨、斑点病等病虫害。月季要防止感染黑斑病、白粉病。香石竹要防止叶斑病。

秋季常见花卉的养育

菊花	别　名：秋菊、黄华、金英。
	原产地：中国。
	习　性：喜光，忌积涝，喜凉爽，怕高温，适宜肥沃、疏松、排水良好的沙质壤土。
	花　期：10月至翌年2月，也有四季开花不断的品种。
	特　色：花型多样，包括30个花型和13个亚型，花色丰富鲜艳，并具有净化空气的作用。

养护秘诀

栽植

盆栽菊花，盆土宜选疏松、肥沃的沙质壤土，随着植株生长，一般品种需换盆2~3次，才能最后定植。定植时可选用腐叶土、沙壤土和饼肥渣以6：3：1混合配制的培养土。小苗移栽时，最好用湿土栽入盆内，放荫蔽处缓苗后再浇透水，并逐渐移到向阳处。

浇水

春季，菊苗幼小，浇水宜少。夏季菊苗长大，天气炎热，浇水要充足，可在早晚各浇一次，并要向枝叶和周围地面喷水，以增加空气湿度，雨后及时排水。立秋前，要控水、控肥，防止植株徒长；立秋后，肥水逐渐加大。到了冬季植株水分消耗减少，要严格控制浇水量。

施肥

菊花是需肥量高的花卉，一般栽植时在盆土中拌入腐熟的有机肥，提供生长初期所需的养分，夏季应薄肥大水，一般可每10~15天施一次稀薄饼肥水。立秋后从孕蕾到现蕾，可每周施一次稍浓些的氮、磷、钾复合肥，花苞期需要较多的钾肥，可追施0.1%的磷酸二氢钾溶液2~3次。开花后暂停施肥。注意每次施肥待盆土干时再施，施肥前要先松土，施过后再浇水。

修剪

盆菊定植成活后进行摘心处理，摘心可控制其生长，促进侧芽的萌发，以增加花朵数。多头盆菊在菊苗长出5~6片叶时，进行第一次摘心，摘取2厘米长的生长点，促发侧枝后，选留3~4个侧枝，侧枝再长出2~3片叶时，进行2次摘心，每个侧枝再选留2个侧枝，多头盆菊的整形就完成了。到现蕾时，为了促进顶花蕾的发育，侧蕾如绿豆大小的必须摘除。

繁殖

分株法：一般在清明前后把植株掘出，依根的自然形态带根分开，另植盆中。

扦插法：一般于5~6月，从隔年老株萌生的新枝上剪取10厘米长、有2~4节的枝梢做插穗，去掉下部叶片，剪去上半段叶片的一半，再将枝梢下部剪平，插入基质，深度为插条全长的1/3，每株相距10厘米，浇透水，注意遮阴。插后15~20天即可生根。

病虫防治

锈病：主要危害菊花的叶和茎，以叶受害为主，可用65%代森锌可湿性粉剂500倍液喷洒。

黑斑病：主要危害叶片，可用200倍等量式波尔多液喷洒防治。

灰霉病：灰霉病危害花、叶、茎等，发病初期用65%代森锌可湿性粉剂500倍液喷洒。

大岩桐	别　名：六雪泥、落雪泥。 原产地：巴西。 习　性：喜冬季温暖而夏季凉爽的环境，忌阳光直射，适宜潮湿、肥沃、疏松的微酸性土壤。 花　期：4~11月。 特　色：花期长久、花朵繁茂，一株可开几十朵花，可营造欢快气氛。

养护秘诀

栽植

栽植大岩桐可用泥炭土、河沙、珍珠岩和基肥以3∶1∶1∶1的比例混合配制的培养土。栽植块茎稍露出盆土，每个块茎只需留1个嫩芽。块茎可连续栽培7~8年，每年开花2次。

浇水

夏季高温季节浇水要多，秋季气温降低时，减少浇水量，进入休眠期，枝叶枯黄后停止浇水。冬季休眠期如果湿度大，温度又低，块茎很容易腐烂。浇水需均匀，盆土不干可以不浇。切记浇水不能直接浇到叶面上，以防出现水渍。

施肥

大岩桐喜肥。定植时，应施足底肥，可将少许骨粉或1匙过磷酸钙放在盆底，再覆盖培养土。生长旺盛期，每周施一次稀薄腐熟饼肥水；花苞形成时，再增施1~2次磷、钾肥。注意施肥时不可使肥液沾染叶片和花蕾，以免引起腐烂。

修剪

想要大岩桐多开花，欣赏性更好，就要注意大岩桐开花前、开花期间、开花

之后的修剪。

一般大岩桐开花前，需要对枝、芽进行修剪，可以采取摘心的方式。大岩桐在花期时，需要及时清除下部底端的老残叶片，有利于泥面和植物底部的通风透气。大岩桐在开花后，如果不用进行留种，最好把花茎剪掉，控制养分的流失，有利于继续开花和块茎的生长发育。

大岩桐花后记得及时连花柄和残花一起清除掉，以免耗掉块根的养分。

繁殖

大岩桐以播种繁殖为主，春秋两季均可。播种前，先将种子浸泡24小时，以促使其提早发芽。用浅盆装入腐叶土、园土和细沙混合的培养土。将土平整后，均匀地撒上种子，让盆底浸水后，上面盖上玻璃。

在18℃~20℃的条件下，约10天后出苗。出苗后，逐渐增加光照。当幼苗长出3~4片真叶后，分栽于小盆。

病虫防治

大岩桐易发生叶螨类虫害，使叶片发黄、脱落。空气干燥、温度高时易发生红蜘蛛虫害。注意改善通风，加强遮阴，降低温度，增加空气湿度。也可喷药防治。

大丽花

别　名：	西番莲、地瓜花、大理花。
原产地：	墨西哥。
习　性：	喜光照，不耐旱，不耐涝，喜凉爽气候，适宜生长在疏松肥沃、排水良好的沙质土壤中。
花　期：	6~10月。
特　色：	花姿绚丽多样，雍容华贵，可与牡丹媲美。

养护秘诀

栽植

盆栽大丽花，培养土可用园土、腐叶土、沙土和腐熟的饼肥以5：2：2：1的比例配制。板结土壤容易引起渍水烂根。日常管理中，要常松土，排出盆中积水。

浇水

大丽花喜湿但忌积水，既怕涝又怕干旱，这是因为大丽花系肉质块根，浇水过多根部易腐烂。但大丽花枝叶繁茂，蒸发量大，又需要较多的水分。浇水要掌握"干透浇透"的原则，一般生长前期的小苗阶段，可每日浇一次，保持土壤稍湿润即可；生长后期，枝叶茂盛，消耗水分较多，应适当增加浇水量。

施肥

大丽花喜肥，从幼苗开始一般每10~15天追施一次稀薄液肥。现蕾后每7~10天施一次。到花蕾透色时停浇肥水。气温高时也不宜施肥。肥量的多少根据植株生长情况而定。凡叶片色浅而薄的，就是缺肥的表现；若肥过量，则叶片边缘发焦或叶尖发黄。

修剪

在大丽花生长过程中，需及时进行整形修剪，一般大轮种采用独本和四本整形，即保留顶芽，除去全部腋芽，单株开一朵花，即营养集中，形成低矮、大花型的独本大丽花。

四本大丽花则是将苗摘心，保留基部两节，形成4个侧枝，每个侧枝留顶芽，形成四秆四花的盆栽大丽花。中、小轮种采用多本整形法，即摘心部位留两节，形成4个侧枝，当侧枝生长到3~5厘米后，再次摘心，基部保留一节，形成8个生长点。

繁殖

大丽花主要用扦插繁殖。一般于早春进行，夏秋亦可，以3~4月扦插成活率最高。插穗取自经催芽的块根，待新芽基部一对叶片展开时，即可从基部剥取扦插。春插苗经夏秋充分生长，当年即可开花。插床以沙质壤土加少量腐叶土为宜。

⁺病虫防治

大丽花在栽培过程中易发生的病虫害有白粉病、螟蛾、红蜘蛛等。

白粉病：注意通风，增加光照，严重时可喷50%托布津可湿性粉剂500~800倍液。

螟蛾、红蜘蛛：防治方法同金盏菊。

非洲菊

别　名：灯盏花、扶郎花。
原产地：南非。
习　性：喜冬季温暖、夏季凉爽，忌水涝，喜光照，适宜富含腐殖质、排水良好的微酸性沙质壤土。
花　期：11月至翌年4月。
特　色：花朵小巧艳丽，色彩丰富，灵动而富有情趣。

养护秘诀

栽植

盆栽非洲菊，培养土可用园土、泥炭土、沙土以2∶2∶1的比例配制，盆底可适当放一些粗沙，以利排水。分株栽植时不宜过深，以新芽露出土面为度。一般栽植3年后要更换新苗。

浇水

非洲菊对水分要求不高，盆土以常保持微潮状态为佳。生长期要适量浇水，不可积水，否则易烂茎死亡，平时要将花盆置于阳台或庭院阳光充足、通风良好处养护。

施肥

6~10月5~10天追施一次充分腐熟的稀薄饼肥水。孕蕾期至开花前，要补充钙和铁肥。花芽形成后，浇水、施肥时，切忌淋入叶丛和花蕾上，以免花芽腐烂，叶片被烧坏。

修剪

在非洲菊的生长过程中，由于枝

叶的生长，可能会出现叶子发黄或者叶子过密的现象。这个时候就需要剪去黄叶、枯叶以及过密的叶子。

繁殖

非洲菊可采用分株法和播种法繁殖。

分株法：春季3~4月结合换盆时进行。将2~3年生非洲菊上的萌生株分开栽植，每丛要有2个以上的生长节点，带4~5片叶。

播种法：春天播种可在3~5月进行，秋天播种可在9~10月进行。18℃~20℃时，种子即可发芽，当苗长出2~3片叶时，即定植上盆。

病虫防治

非洲菊生长期如患有根腐病、白绢病、霜霉病、锈病，应及时清除病株，并定期用波尔多液喷洒防治。

一串红

别　名：	西洋红、象牙红、墙下红。
原产地：	巴西。
习　性：	喜温暖，不耐寒，喜光照，忌积水，较耐旱，适宜疏松、肥沃的沙质壤土。
花　期：	7~10月。
特　色：	花期长久，花序修长、密集成串，像一串串鞭炮，十分喜庆。

养护秘诀

栽植

　　盆栽一串红，培养土可用园土、腐叶土、沙土以4∶3∶3的比例配制。栽植时要施足腐熟的饼肥做基肥。上盆后，一般要摘心2~3次，通过摘心控制花期，促进枝繁花茂。

浇水

　　一串红生长前期不宜多浇水，一般每2天浇一次，否则叶片会发黄、脱落，浇水要掌握"干透浇透"的原则，要经常疏松盆土，增加盆土透气性，促进根系发育。进入生长旺期，可适当增加浇水量。夏季浇水要及时，如果盆土过于干燥，会引起落花。

施肥

　　一串红喜肥，生长旺季每月施2~3次腐熟饼肥液，配合叶面喷施0.1%~0.2%的磷酸二氢钾溶液，可使一串红生长健壮，花期延长，花繁色美。

修剪

当一串红生有4枚叶片时，开始摘心，一般可摘心3～4次，以促使多分枝，株型矮壮，枝密、花多。

繁殖

播种法：可于春季2~3月在封闭阳台内进行。播种的土壤内要施少量基肥，土壤整平并浇透水，水渗后播种，覆上一层薄土即可。

扦插法：可于夏秋5~8月扦插，插穗取组织充实的嫩枝，摘去顶芽再插，这样容易生根。在夏季高温干燥季节，注意荫蔽降温，经常喷水，保持湿润，15天左右就可移植。

病虫防治

叶枯病、霜霉病：可用65%代森锌可湿性粉剂500倍液喷洒。

银纹夜蛾、粉虱、蚜虫：可用1%阿维菌素2 000倍液喷杀。

翠菊

别　名：蓝菊、江西腊、八月菊。

原产地：中国、日本。

习　性：喜凉爽、湿润，怕高温，喜光照，适宜富含腐殖质、排水良好的土壤。

花　期：5~10月。

特　色：花色鲜艳丰富，品种多样，是人们喜爱的盆栽花卉和庭院绿化植物。

养护秘诀

栽植

盆栽翠菊宜选用矮生品种。培养土宜用肥沃的园土、腐叶土和沙土以5：4：1的比例配制，另加少量腐熟的饼肥做基肥。播种苗长至3~4厘米时，起苗带宿土移栽上盆。盆底要垫一层碎瓦粒，以利排水。

浇水

翠菊生长期要常保持盆土湿润，不能让盆土过干或过湿。夏季天气炎热干旱时应注意及时浇水，当出现花蕾后减少浇水，以抑制主枝生长，促进侧枝生长，待侧枝长至3厘米时再转入正常浇水，这样可形成低矮密集的株型。

施肥

翠菊移栽成活后即可追施稀薄复合液肥1~2次。生长旺盛期，每月追施1~2次稀薄复合液肥，即可使植株生长健壮、茂盛，开花繁多。施肥时注意不要污染叶面。

修剪

翠菊一般情况下不需要修剪，适时摘除枯萎叶子即可。

繁殖

翠菊主要采用播种繁殖。适宜在春季2~3月播种，温度以18℃~21℃为好。当幼苗长至6~10片真叶时即可移苗定植于花盆中。翠菊幼苗极耐移栽，容易成活，但大苗忌移植。

⁺病虫防治

翠菊比较容易染上叶枯病、锈病等，发现病株时要及时清除或用药防治，并且在一开始就应避免连作、水涝、密不透风和高温高湿环境。

矮牵牛	别　名：碧冬茄、灵芝牡丹。
	原产地：南美洲。
	习　性：喜阳光，好温暖，不耐寒，喜干燥，适宜疏松、肥沃、排水良好的微酸性土壤。
	花　期：4~10月。
	特　色：花期长久，生长旺盛，花大而色艳，点缀窗台和居室别有情致。

养护秘诀

栽植

定植时宜选盆径20~25厘米的花盆，宜用肥沃的园土、腐叶土和沙土以5：4：1的比例配制的培养土，另加少量腐熟的饼肥做基肥。上盆时，以2~3株为一盆，上盆需注意勿使土球散坨，栽后浇透水一次，以后保持盆土稍湿润即可。小苗长到8~10厘米时摘心，以促多发分枝。

浇水

矮牵牛生长期应及时浇水，经常保持盆土湿润。但在开花前要减少浇水，使盆土保持偏干状态。开花期要充足浇水，否则盆土过干会使花朵过早凋谢。

施肥

矮牵牛盆土以基肥为主，平时可每20天左右施用一次腐熟的稀薄液肥，施肥不宜过量，尤其氮肥不能多施，否则盆土过肥，植株容易徒长倒伏。

修剪

矮牵牛的修剪是将每条枝条都短截1／2或1／3左右，留有能发芽的枝条即可完成更新。更新后的植株只要有充足的光照，温度在15℃~30℃之间，水肥供应及时，但

不能偏多，即可成活。注意，如果矮牵牛的枝条不是很长，不要修剪，因为修剪后植株开花需一段时间，此时可以将其吊起来欣赏。

繁殖

矮牵牛一般采用播种法和扦插法进行繁殖。

播种法：于春秋季节，温度在20℃~22℃时进行播种，一般秋播可在翌年3月下旬开花，春季4月播种，可在8月中旬见花。

扦插法：以早春和秋凉后扦插最适宜。剪取生长健壮的嫩枝做插穗，长8~10厘米，插穗上部留2~3片叶子。用沙土与草木灰各半掺匀做基质，扦插深度2~3厘米为好。

病虫防治

矮牵牛生长期间，如叶片上出现水渍状病斑，随后逐渐扩大，病组织变褐色，表面产生灰色霉层即灰霉病，发现后要及时将病叶摘除，并喷洒50%速克灵1 000倍液，防止蔓延。

文殊兰

别　名：十八学士。
原产地：印度尼西亚。
习　性：喜温暖、湿润，不甚耐寒，喜光照，适宜肥沃、富含腐殖质、排水良好的土壤。
花　期：1~9月。
特　色：叶片宽大肥厚、常年浓绿，花朵妩媚，花香浓郁，深受人们喜爱。

养护秘诀

栽植

文殊兰植株较高大，宜选用20厘米以上盆径的花盆栽种。培养土可用园土、腐叶土、沙土以5：2：3的比例混合配制。栽种后，浇透水放置阴凉处，待缓苗后逐渐接收光照。

浇水

给文殊兰浇水掌握"见干见湿"的原则，盆土不能长时间潮湿。栽种初期要充分浇水，生长期保持盆土湿润，同时要常向叶面和四周喷水。夏季要遮阴，避免烈日直射。冬季气温低，控制浇水，保持盆土偏干即可。

施肥

文殊兰较喜肥，特别是对磷、钾肥要求较高。在春、夏、秋生长旺季，可每15~20天施一次腐熟稀薄液肥混合等量的磷酸二氢钾500倍液。秋末及冬天，施肥量和次数要减少。冬季温度低于15℃时停止施肥。

修剪

文殊兰在花后，不留种的应剪去花梗，对老黄的叶片也应同时清除。

繁殖

文殊兰常用分株法繁殖，通常在春季或秋后结合翻盆进行。做法是将植株周围的芽剥下另植，栽植时以将小鳞茎全部覆盖为度，然后浇水置半阴处。

病虫防治

文殊兰的主要病虫害有叶枯病、茎腐病、蚜虫、介壳虫等。发现后及时清除病叶，保持通风，也可用喷药方法防治。

万寿菊

别　　名：臭芙蓉、万寿灯、蜂窝菊、金菊花。
原产地：墨西哥。
习　　性：喜温暖、向阳，稍能耐早霜，耐半阴，对土
　　　　　壤要求不严，栽培容易。
花　　期：7~9月。
特　　色：舌状花花冠为黄色或暗橙色，管状花花冠黄
　　　　　色。因其花大、花期长，故常用于花坛布景。

养护秘诀

栽植

　　将幼枝剪成10厘米长做插条，顶端留2枚叶片，剪口要平滑。将生根粉5克，兑水1千克~2千克，加50%多菌灵可湿性粉剂800倍液混合成浸苗液，将插条的1／2浸入药液中5~10秒后取出，立即插入盆土中，深度约为1／2盆高。将盆土轻轻压实，然后浇透水分。

浇水

　　刚刚栽种的万寿菊幼株，在天气炎热时，要每天喷雾2~3次，使盆土保持湿润。

施肥

　　万寿菊的开花时间较长，所需要的营养成分也比较多。它喜欢钾肥，氮肥、磷肥与钾肥的施用比例应为15：8：25，在生长期内需大约每隔15天施用一次追肥。在开花鼎盛期，可以用0.5％的磷酸二氢钾对叶面进行追肥。

修剪

　　万寿菊的开花时间较长，到初霜之后依然还会开很多花，然而后期植株的枝

叶干枯衰老，容易歪倒，不利于欣赏。所以，要尽快摘掉植株上未落尽的花，疏剪过分稠密的茎叶，并尽快追施肥料，以促进植株再开花。

繁殖

播种法：播种法分为春种和夏种。于3月下旬至4月上旬在露地苗床播种，由于种子嫌光，播后要覆土、浇水。待苗长到5厘米高时，进行一次移栽，再待苗长出7~8片真叶时，进行定植。为了控制植株高度，还可以在夏季播种，夏播出苗后60天可以开花。

扦插法：万寿菊可以在夏季进行扦插，容易发根，成苗快。从母株剪取8~12厘米嫩枝做插穗，去掉下部叶片，插入盆土中，每盆插3株，插后浇足水，略加遮阴，2周后可生根。

病虫防治

万寿菊易患茎腐病和叶斑病。

茎腐病： 发病初期可喷洒50%多菌灵可湿性粉剂1 000倍液。

叶斑病： 可喷洒50%苯来特可湿性粉剂1 000倍液。

百日草

别　名：百日菊、步步高、火球花、对叶菊、秋罗。
原产地：墨西哥。
习　性：喜温暖，不耐寒，喜阳光，怕酷暑，性强健，耐干旱，耐瘠薄，忌连作。
花　期：6~10月。
特　色：花大色艳，开花早，花期长，株型美观，花瓣颜色多样，花型变化多端。

养护秘诀

栽植

选取优良的百日草花种，播入已置好了土壤的培植器皿中，上面覆盖一层蛭石。5~7天后，百日草的幼苗就会长出，出苗后气温应高于1℃~5℃，否则生长不良。当小苗长出 4~5枚真叶时，要摘心之后才能移栽入盆中，随后浇透水分。当苗高10厘米时，留两对叶摘心，促使其萌发侧枝，此后正常照料即可。

浇水

百日草能忍受干旱，怕积水，若阴雨连绵或排水不畅就会使其正常生长受到影响，所以浇水应适量。要以"不干不浇"为浇水原则。夏天由于蒸发量大，可每日浇一次水，但水量一定要小。

施肥

百日草虽能忍受贫瘠，但在开花期内追施磷、钾肥，可促使花朵繁茂、花色艳丽。

修剪

百日草的开花时间长，后期植株生长会减缓，茎叶多而乱，花朵变得较小。

所以，秋天要进行1~2次摘心。

繁殖

播种法：播种前，土壤和种子要经过严格的消毒处理，以防生长期出现病虫害。播种在4月上旬至6月下旬均可。播前基质湿润后点播，百日草为嫌光性花种，播种后须覆盖一层蛭石。在21℃~23℃时，3~5天即可发芽，发芽期不需要光照，发芽后苗床保持50%~60%的含水量，不能太湿，以免烂根或发生猝倒病。

扦插法：扦插育苗不如播种苗整齐，可选择长10厘米的侧芽进行扦插，一般5~7天生根，以后栽培管理与播种法一样，30~45天后即可出圃。

病虫防治

百日草极易患褐斑病和白星病。

褐斑病：用50%代森锌可湿性粉剂或代森锰锌可湿性粉剂5 000倍液喷洒防治褐斑病。

白星病：发病初期，要及时摘除病叶，然后立即喷洒75%百菌清可湿性粉剂500~800倍液。

别　名：木樨、岩桂、九里香。
原产地：中国。
习　性：喜温暖环境，不耐干旱、瘠薄，宜在土层深厚、排水良好、富含腐殖质的偏酸性沙质壤土中生长。
花　期：9~10月。
特　色：中国传统十大名花之一，是集绿化、美化、香化于一体的观赏与实用兼备的优良园林树种。桂花清可绝尘，浓能远溢，堪称一绝。

桂花

养护秘诀

栽植

先在花盆底部铺上一层河沙或蛭石，以利通气排水，然后再铺上一层厚约2厘米的泥炭土或细泥，高达盆深的1／3。将桂花的幼苗放进盆中（根部要带土坨），填入土壤，轻轻压实。栽好后要浇透水分，然后放置荫蔽处约10天，即可逐渐恢复生长。

浇水

在新枝梢萌生前浇水宜少，在雨季及冬天浇水也宜少。在夏天和秋天气候干燥时，则浇水宜多一些。刚种植的桂花应浇足水，并常向植株的树冠喷洒水，以维持特定的空气相对湿度。

施肥

桂花嗜肥，有发2次芽、开2次花的特性，需要大量肥料。定植后的幼苗阶段应以"薄肥勤施"为施肥原则，主要施用速效氮肥。

修剪

在冬天应及时剪掉纤弱枝、重叠枝、徒长枝及病虫枝等，以改善通风透光效

果。树冠太宽、生长势旺盛的植株，可以把上部的强枝剪掉，留下弱枝。

繁殖

桂花的繁殖，可用播种、嫁接、扦插等多种方法。

播种法：每年5月底至6月初，采摘桂花树上成熟的核果，去外壳，稍阴干后，用湿沙储藏。到翌年初春撒播于预先整好的苗床上，待3月天气转暖，即可发芽生根。

嫁接法：需在树龄20年左右的植株上选取一年生健壮侧枝，剪取二芽苞，嫁接在女贞砧木上，用塑料膜剪条包扎，当季即可发芽。

扦插法：在2月，选择品种优良、健壮、树龄20~25年植株的一年生侧枝，切成长约20厘米的插穗。在插床时期，注意保湿、遮阳，防止积水，适宜大面积繁殖。

病虫防治

桂花的病虫害主要为炭疽病和红蜘蛛虫害。

炭疽病： 当桂花患上炭疽病时，叶片会渐渐干枯、发黄，然后变为褐色。此时应马上把病叶摘下并烧掉，同时加施钾肥和腐殖肥，以增强植株抵抗病害的能力。

红蜘蛛： 红蜘蛛虫害在温度较高、气候干燥的环境中经常发生，被害植株的叶片会卷皱，严重时则会干枯、凋落，每周喷施40%氧化乐果乳油2 000~2 500倍液一次，连续喷施3~4次即可灭除。

<table>
<tr><td>别　　名：</td><td>安石榴、山力叶、丹若、若榴木。</td></tr>
</table>

石榴

别　　名：安石榴、山力叶、丹若、若榴木。

原产地：巴尔干半岛。

习　　性：喜温暖向阳的环境，耐旱、耐寒，也耐瘠薄，以排水良好的夹沙土栽培为宜。

花　　期：5~10月。

特　　色：红彤彤的花如火如荼，亮丽耀眼。在中国，石榴是富贵、吉祥、繁荣的象征，人们借石榴多籽，来祝愿子孙繁衍，家族兴旺。

养护秘诀

栽植

在花盆底部的排水孔上方铺放几块碎小的瓦块，以便于排出过剩的水分，然后放入少量土壤。将石榴幼株置入土中，继续填土，轻轻压实，浇透水分。等到盆土向下沉落后再填入一部分土壤，轻轻压实，此后细心照料即可。

浇水

春天晴朗的天气可每1~2天浇水一次。植株结果实期间和夏天需每天浇水1~2次。进入秋天后可每5~7天浇水一次，使土壤维持略潮湿状态就可以。冬天以土壤潮湿且偏干为佳，土壤不干燥不要浇水。

施肥

石榴较嗜肥，需定期在土壤里施入一些饼肥或厩肥，底肥可以用堆肥或饼肥等。

修剪

夏天剪掉生长过旺的竖直徒长枝，每株仅挑选并保留3~4个均匀分布的主

枝。花朵凋落后尽早对稠密枝、细弱枝进行疏剪，并对长枝采取摘心处理。

繁殖

石榴繁殖以扦插为主，也可采用播种、分株、压条的方法。其中扦插法简单易行，开花、结果早。

播种法：3月份进行，实生苗生长缓慢，4~5年后才能结果。适于大量繁殖。

扦插法：在清明前后，芽刚萌动时，选取粗壮枝条，剪成长15厘米左右进行扦插。也可秋后将扦穗捆起来，沙藏越冬，春季切口已出现愈伤组织，此时进行扦插，成活率很高。

分株法：于春季或雨季进行。用利刀将根部周围长出的萌发条切下，每个枝条上部剪去1/3左右，下部要保留部分须根，一般2~3枝为一丛，栽植在盆内，浇透水即可。

病虫防治

黑斑病：需适当进行修剪，并喷施140倍等量式波尔多液或80%超微多菌灵800倍液3次。

桃蛀螟：除尽早把虫果摘掉外，同时喷施50%杀螟松乳油或90%敌百虫药剂1 000倍液1~2次。

番红花

别　名：藏红花、西红花。
原产地：欧洲南部。
习　性：喜冷凉湿润和半阴环境，较耐寒，适宜排水良好、腐殖质丰富的沙质土壤。
花　期：10~11月。
特　色：是一种名贵的中药材，具有强大的生理活性，也是一种常见的香料。

养护秘诀

栽植

盆栽的时间一般选在9~10月份。栽植时先往盆中加入培养土，直至达到盆高的一半，然后将番红花的鳞茎放入盆中，一般口径为15~20厘米的泥盆可栽种5~7块鳞茎，再在鳞茎上覆上一层苔藓，然后填充培养土。栽后浇透水并放在室外，待生根之后移入冷室内，室内的气温要略高于室外。

浇水

气候干旱的时候要适时浇水。入冬前浇一次透水，以便安全越冬。

施肥

番红花在生长旺盛期需要每15天追施一次稀薄的液肥。孕蕾期还要施一些速效的磷肥，这样有利于开花。

修剪

为保持株型的优美，要随时剪掉枯枝、病害枝和残叶。

繁殖

番红花繁殖可用分球繁殖和播种繁殖，但以分球繁殖为主。分球繁殖一般在8~9月进行，成熟球茎有多个主、侧芽。花后叶丛基部膨大形成新球茎，夏季地上部枯萎后，挖出球茎，然后分级，阴干，储藏。而种植时间早则有利于形成壮苗。

病虫防治

番红花在栽培过程中最常见的病虫害有菌核病、腐败病、腐烂病、罗宾根螨。

菌核病：可用50％托布津可湿性粉剂500倍液喷洒进行防治。

腐败病：可用50％叶枯净1 000倍液或75％百菌清可湿性粉剂500倍液喷洒进行防治。

腐烂病：可用50％托布津可湿性粉剂1 000倍液进行防治。

罗宾根螨：可用三氯杀螨醇喷杀。

夹竹桃

别　　名：柳叶桃、半年红、甲子桃。
原 产 地：印度、伊朗。
习　　性：喜充足的光照、温暖和湿润的气候环境。也
　　　　　稍耐寒，在暖温带地区可露地越冬。
花　　期：6~10月。
特　　色：叶面深绿，叶背浅绿色，花冠深红色或粉红
　　　　　色。花大、艳丽、花期长，常作观赏。

养护秘诀

栽植

　　春天或夏天时，剪下长15~20厘米的枝条做插穗。盆土里施入充足的底肥，以促使植株健壮生长。把枝条的基部在清澈的水里浸泡10~20天，时常更换新水以维持水质洁净。等到切口发黏的时候再取出来插到培养土中，或等到长出新根后再取出来进行扦插，皆比较容易存活。移植后要一次浇足定根水，忌水涝。

浇水

　　在植株的生长季节令土壤维持潮湿状态就可以，浇水太多或太少皆会令叶片发黄、凋落。在夏天气候干燥的时候，浇水可以适度勤一些，且每次可以多浇一些水，并要时常朝叶片表面喷洒清水，以降低温度和保持一定的湿度，促使植株健壮生长。冬天少浇，只要保持土壤湿润偏干即可。

施肥

　　夹竹桃比较嗜肥，在开花之前大约每隔15天进行一次追肥。冬天要对植株施用1~2次肥料。

修剪

平日要留意疏除枝蘖，尽早把干枯枝、朽烂枝、稠密枝、徒长枝、纤弱枝及病虫枝剪掉，以改善通风透光条件，降低营养的损耗量，维持优美的植株形态。

繁殖

扦插法：夹竹桃扦插繁殖成功率比较高。春夏季节均可以进行繁殖。水扦插繁殖更加容易生根。选取头年的枝条，取15~20厘米长的小段，插入苗床即可。

压条法：取母枝外围的一年生健壮的枝条，把从顶梢向下约30厘米的叶子留下，以下叶子全部除去。在适当的部位将枝条曲成一圈，枝梢向上，用绳子把圈固定好。经过一个多月根基本生成了。

分株法：夹竹桃根生很多，于早春进行分株，当年就能开花了。

病虫防治

夹竹桃的病虫害比较少，常见的为介壳虫及蚜虫危害，平日要留意保证通风顺畅，一旦发生虫害就要马上用刷子刷掉，并用40%氧化乐果乳油1 000~1 500倍液喷施来治理。

五色梅	**别　名：**山大丹、如意草、五彩花、五雷丹、变色草。 **原产地：**南美洲。 **习　性：**喜光，喜温暖湿润气候，耐干旱、瘠薄，但不耐寒。 **花　期：**5~10月。 **特　色：**花冠状似梅花，颜色多变，有深红、粉红、黄色、橙黄等。花期长，在南方几乎一年四季有花。

养护秘诀

栽植

5月的时候，剪下一年生健壮的枝条做插穗，使每一段含有两节，留下上部一节的两片叶子，并把叶子剪掉一半。把下部一节插进沙土里，插好后浇足水，并留意遮蔽阳光、保持温度和一定的湿度，插后大约经过30天便可长出新根及萌生新枝。种好后要及时浇水，以促使植株生长，等到存活且生长势头变强之后，则可以少浇一些水。

浇水

在植株的生长季节要令盆土维持潮湿状态，防止过度干燥，特别是在花期内，不然容易令茎叶出现萎缩现象，不利于开花。

施肥

在植株的生长季节每隔7~10天施用饼肥水或人粪尿稀释液一次，以令枝叶茂盛、花朵繁多、花色艳丽。在开花之前大约每15天施用以磷肥和钾肥为主的稀释液肥一次，能令植株开花更加繁多。

修剪

当小苗生长至约10厘米时要进行摘心处理，仅留下3~5个枝条作为主枝，当主枝生长至一定长度的时候再进行摘心处理，以令主枝生长平衡。植株定型之后，要时常疏剪枝条及短截。

繁殖

五色梅可采用播种、扦插、压条等方法繁殖花苗。果熟后采摘堆沤，浸水搓洗去果肉，即获种子。种子忌失水，可于秋季随采随播，或混沙储藏，春季再播种。

⁺病虫防治

灰霉病： 在植株发病之初，可以每2周用50％速克灵可湿性粉剂2 000倍液喷洒一次，接连喷洒2~3次就能有效治理，并留意增强通风效果，使空气湿度下降。

叶枯线虫： 在危害期间用50％杀螟松乳油1 000倍液朝植株的叶片表面喷洒便可治理。

<table>
<tr><td rowspan="6" style="vertical-align:middle;text-align:center;font-size:large">石蒜</td></tr>
</table>

别　名：	龙爪花、蟑螂花。
原产地：	中国、日本。
习　性：	喜湿润，也耐干旱，习惯于偏酸性土壤，以疏松、肥沃的腐殖质土最好。
花　期：	9~10月。
特　色：	东亚常见的园林观赏植物，秋赏其花，冬赏其叶。叶深绿色，中间有粉绿色带。伞形花序，有花4~7朵，花有红、黄等色。

养护秘诀

栽植

春天植株的叶片刚干枯萎缩后或秋天开花之后将鳞茎掘出来，把小鳞茎分离开另外栽种就可以。种植的时候种植深度以土壤把球顶部覆盖住为度。通常栽种后每隔3~4年便可再进行分球。

浇水

平日要令土壤维持潮湿状态，做到"见干见湿"。夏天植株开花前如果土壤过于干燥，则要浇入足够的水，以便于抽生出花茎。当植株临近休眠期的时候，则要渐渐减少浇水的量和次数。

施肥

在植株的生长季节施用2~3次浓度较低的液肥。

修剪

在植株生长期间，要尽早把干枯焦黄的叶片剪掉，以防止影响植株的生长发育及优美的形态。

繁殖

石蒜的繁殖有分球、播种、鳞块基底切割和组织培养等方法，以分球法为主。分球的方式最简便，在休眠期或开花后将植株挖起来，将母球附近附生的子球取下种植，一两年便可开花。易结籽的种类也可用播种法繁殖，但通常需要2~5年的时间才能开花。大型鳞茎类，可将大球放射状纵切成8~16块，插于干净沙床，三四个月即可长成新的植株。

病虫防治

炭疽病、细菌性软腐病：鳞茎栽植前用0.3%硫酸铜液浸泡30分钟，用水洗净，晾干后种植。每隔半月喷50%多菌灵可湿性粉剂500倍液防治。发病初期用50%苯来特可湿性粉剂2 500倍液喷洒。

斜纹夜蛾：主要以幼虫危害叶子、花蕾、果实，啃食叶肉，咬蛀花葶、种子，一般从春末到11月份危害植株，可用5%锐劲特悬浮剂2 500倍液、万灵1 000倍液防治。

曼陀罗

别　名：曼荼罗、醉心花、狗核桃。
原产地：印度。
习　性：喜温暖、向阳，适生于排水良好的沙质壤土。
花　期：6~10月。
特　色：其花大多为淡黄绿色或白色，状如大喇叭。
　　　　适合在庭院中种植。

养护秘诀

栽植

于3月下旬到4月中旬播种。播完后盖上厚约1厘米的土，略镇压紧实，并留意使土壤维持潮湿状态，比较容易萌芽。当小苗生长至8~10厘米高的时候间苗，把纤弱的小苗除去。当植株生长至约15厘米高的时候进行分盆定苗。

浇水

曼陀罗喜欢潮湿而润泽的环境，不能忍受积水，平日令土壤维持潮湿状态就可以。夏天气候干旱的时候，可以适度加大对植株的浇水量。在雨季要留意尽早排出积水，防止植株遭受涝害。

施肥

在植株生长的鼎盛期，适度施用2~3次过磷酸钙或钾肥。

修剪

在植株的生长季节，要尽早把干枯焦黄的枝条和叶片剪掉，以降低营养的损耗量，维持优美的植株形态。

繁殖

曼陀罗常用播种法进行繁殖，一般在冬季的时候，种子就会成熟，可以将成熟的种子取出，第二年进行播种。曼陀罗播种一般是在4月份的上旬进行，可以直播也可以育苗移栽。在播种床上撒上种子，稍微覆盖上土壤，压实后喷上水，很快就会发芽，发芽的时候可以盖上一些稻草，能起到遮阴和保湿的作用。

病虫防治

黑斑病： 在发病之初可以喷洒50％退菌特可湿性粉剂1 000倍液或65％代森锌可湿性粉剂500倍液，每周喷洒一次，接连喷洒3~4次就能有效治理。

蚜虫： 发生蚜虫危害时，可以用40％氧化乐果乳油2 000倍液喷洒来杀除。

冬雪編

Winter

冬季养花科学新知

时尚的年宵花卉

春节之际用作装饰居室、增加节日喜庆气氛、走亲访友赠送的时令花卉，称年宵花卉。

◆ 年宵花卉的特点

（1）大部分年宵花卉为自然花期，观赏价值高，如大花蕙兰、一品红、仙客来、瓜叶菊、蟹爪兰、蜡梅等。

（2）还有许多年宵花卉是通过促成栽培和延迟栽培，调节花期达到春季开花的目的，如杜鹃花、蝴蝶兰、牡丹、长寿花、郁金香、风信子等。

（3）年宵花卉大部分都在温室内养护，栽培技术规范，温度、光照、水分、肥料、土壤控制严格，植株生长健壮，花叶繁茂，加上容器和包装，观赏效果极佳。

◆ 年宵花卉养护方法

（1）从温室搬回到家里的年宵花卉，因环境条件变化大，往往时间不长就失去生气，因此要根据不同花卉的生长习性及特点，给予精心的管理。首先，温度保持在10℃以上，放到光照充足的窗台前，同时还要注意向盆花周围洒水，以补充室内的空气湿度，尽量满足类似温室里的环境条件。

（2）不要盲目地天天浇水。年宵花卉大多用的是保水性能极强的泥炭

土、椰糠等，浇一次透水可保持一周左右。如果浇水次数太多，会导致一些怕水湿的花卉烂根烂茎。

（3）不施肥。植物在开花期内以及冬季低温期要暂停施肥，因此购回的年宵花卉在观赏期不需施肥，待清明后移至室外时再恢复施肥。

（4）室内要注意通风。在整个冬季，也应在晴朗天气的中午开窗通风换气，这样既可减少花卉病虫害的发生，又有利于花卉的健壮生长。

◆ 怎样挑选年宵花卉

（1）根据年宵花卉的外观、功能和寓意进行挑选。

（2）根据花的价格和品质挑选年宵花卉。以价格合理、叶色碧绿、株型美观、花朵含苞待放和基质干净卫生等为选择标准。

防冻保温要点

◆ 给花儿们穿上"防寒服"

用几根细竹条，将两端插于花盆四周边缘，使顶部呈半圆形，并要高于植株10厘米，然后套上塑料袋，在花盆边缘下方扎紧，起到保温防寒的作用。中午可摘下塑料袋片刻，以利于空气流通。

如果盆栽花卉较矮小，家里有大口径的瓶罐，也可直接将其罩在植株上，晴天中午将罩子取下片刻，增加空气流通。

◆ 多安一张温暖的"床"

将花盆放置在一个较大的空盆内，在花盆和空盆之间放些锯末、谷糠或珍珠岩等物，能起到保暖防寒的作用。

◆ 多晒太阳

冬天的光照强度不高，而花卉恰恰又需要多的光照，以利光合作用生成有机养分，提高植株的抗寒性。对于一些冬季开花的花卉，也更有利于其枝叶繁茂，花大而色美。

浇水、施肥要点

进入冬季，气温降低，除了秋冬或早春开花的菊花、仙客来、瓜叶菊以及一些秋播的草本花卉可继续浇水、施肥外，一般盆花都要严格控制水肥。对处于休眠和半休眠状态的花卉应停止施肥。

冬季给花浇水要在中午前后，浇花用的自来水一定要经过1~2天日晒后才可使用，因为水温和室温相差5℃以上时，很容易伤根。尤其不可多施氮肥，因为冬季花卉的吸收能力不强，施过多氮肥，会伤害根系，使枝叶变嫩，抗寒、抗病能力下降，不利于植物越冬。

增湿、防尘要点

入冬后需要将盆花移入室内越冬，入室后的干燥环境对于喜湿润的花卉生长和越冬十分不利。所以要注意适当增加空气湿度，方法如下：

（1）不要将盆花直接放在暖气片上。如果家里有火炉，要放在离火炉较远的地方，并注意防煤烟。

（2）常用与室温接近的清水喷洗枝叶，喷水量不宜过多，以喷湿叶面为宜，喷水以在晴天中午前后进行为好。喷水的同时要注意通风，保持空气流通。

（3）对于一些喜湿又较名贵的花卉，例如兰花、君子兰、杜鹃、山茶等，可用塑料薄膜罩起来，既有利于保持和增加空气湿度，又有利于防尘、防寒，使枝叶更加清新。但也要时常摘下罩子，适当通风。

室内养护要点

耐低温花卉：冬季温度低于0℃的地区，室内温度一般在0℃~5℃的，可培养一些稍耐低温的花卉，如一叶兰、文竹、南洋杉、天竺葵、常春藤、天门冬、鹅掌柴、橡皮树等。

适宜8℃左右的花卉：室内温度如维持在8℃左右时，除可培养以上花卉外，还可培养发财树、君子兰、香龙血树、凤梨、合果芋、绿萝等。

适宜10℃以上的花卉：室内温度维持在10℃以上时，还可培养红掌、一品红、仙客来、瓜叶菊、万年青、紫罗兰、报春花等。

冬季室内花摆放的位置

冬春季开花的花卉如蟹爪兰、仙客来、瓜叶菊、一品红等，秋播的草花如三色堇、金鱼草等，以及性喜光照、温暖的花卉如米兰、茉莉、扶桑等，应放在窗台或靠近窗台的阳光充足处。有些夏季喜半阴而冬季喜光照的花卉如君子兰、倒挂金钟等也需放阳光充足处。

喜温暖、半阴的花卉如文竹、四季海棠、杜鹃等，可放在离窗台较远的

地方。耐低温的常绿花木或处于半休眠状态的花卉如金橘、桂花、兰花、吊兰可放在有散射光处。

其他耐低温而已落叶的木本花卉如石榴、月季、海棠等需放在室外-5℃条件下冷冻一段时间，以促进休眠，然后再移入冷室内（0℃左右）保存，不需要光照。

冬季养花小窍门

◆ 观花植物的养护

（1）冬春季开花的盆花，大部分都喜光，应放在窗台或靠近窗台的阳光充足处养护。

（2）花卉入室后要注意通风，使室内温度相对平衡，室温宜保持在10℃~20℃。

（3）每隔10~15天需喷水清洗枝叶。但注意，花期时喷水不可将水雾喷到花朵上。

（4）浇水要本着"宁干勿湿"的原则。花期一般不宜施肥。

◆ 观叶植物的养护

（1）温度：白天室温不低于18℃，夜间室温不低于8℃，大部分观叶植物都能安全越冬。

（2）光照和湿度：观叶植物应放在向阳的南窗附近，在充足光线照射下，冬季也能保持枝叶碧绿。冬季室内湿度不可低于50%，否则会影响植株的生长及叶片的美观。

冬季常见花卉的养育

大花蕙兰

别　名：虎头兰、西姆比兰、蝉兰。
原产地：中国。
习　性：喜温暖、潮湿，较耐寒，忌日光直射，适宜透气性良好的微酸性基质。
花　期：11月至翌年3月。
特　色：抗病虫害能力强，株型丰满，叶色翠绿，花姿优美，被誉为"兰花新星"。

养护秘诀

栽植

盆栽大花蕙兰可用泥炭土1份，蕨根2份或碎木炭块等作为基质，选用四壁多空的陶质花盆或素烧盆做容器，口径15厘米、深20厘米为宜，每盆种3~4株兰苗。栽前盆底垫一层约4厘米厚的炉渣或碎砖粒，以利排水。

浇水

大花蕙兰生长季节要浇水充分，使基质经常保持湿润状态。春夏是其生长旺季，更不可缺水，空气干燥时还要向植株叶面和四周喷水。花后有一段短暂的休眠期，这期间要少浇水，否则容易造成烂根。

施肥

大花蕙兰较喜肥，生长季节每月施3~4次腐熟饼肥水，再间施一次浓度为0.5%的等量的氮、磷、钾复合液。大花蕙兰孕蕾时间及开花期较长，生长期保证肥料供应是养好它的关键。

修剪

大花蕙兰的花期大概一两个月，之后花朵就会逐渐凋零，在这时将花枝剪掉，可以避免消耗过多的营养，利于新芽的萌发。

繁殖

通常用分株法繁殖，宜在每年春末夏初期间进行。分株前应适当干燥，分切后的每丛兰苗应带有2~3枚假鳞茎，其中1枚须是前一年新形成的。为避免伤口感染，可涂一些硫黄粉或炭粉，放干燥处1~2日再单独盆栽，即成新株。分栽后放半阴处，不可立即浇水，发现过干可向叶面喷少量的水，待新芽基部长出新根后才可浇水。

⁺病虫防治

大花蕙兰的常见病害有镰刀菌病害、黑腐病、软腐病、炭疽病、灰霉病和白绢病等。防治方法以预防为主，盆栽最好架空放置，注意通风，每半月喷一次杀菌剂可预防病害的发生。

蝴蝶兰

别　名:	蝶兰。
原产地:	亚洲热带地区。
习　性:	喜湿，耐阴，耐高温，不耐寒，适合肥沃、疏松而排水良好的基质。
花　期:	春节前后为盛花期。
特　色:	能吸收室内有害气体，既能净化空气又可美化居室，有"洋兰王后"之称。

养护秘诀

栽植

盆栽蝴蝶兰宜选用瓦盆或塑料盆，盆不宜大。栽培的基质通常用碎蕨根、泥炭土、木炭粒和珍珠岩以4∶2∶2∶1的比例配制。栽后浇透水，放遮阴的地方养护。也可用浸过水的苔藓包住幼苗的根系栽入盆中。

浇水

给蝴蝶兰浇水的原则是"见干见湿"，水温应与室温接近。春秋两季每天傍晚浇一次水；夏季上午9点和傍晚各浇一次水；冬季隔周浇一次水就好，宜在上午10点前进行。室内空气干燥时，要用喷雾器向叶面喷雾，但注意花期时喷水不可将水雾喷到花朵上。

施肥

蝴蝶兰耐肥力较差，切忌施生肥、浓肥，要"薄肥勤施"，幼苗和旺盛生长期以施氮肥为主。花芽形成期至开花期，应施用磷、钾肥，浓度为1 000~2 000倍液。花期要停止施肥。施用有机肥时要注意肥液不要污染到叶面及叶基部。

修剪

蝴蝶兰一般有两种剪法：一种是当年想二次开花，可将花茎从基部数4~5节处剪去，2~3个月后可再开花；另一种是当年休养生息来年再开花，可将花茎从基部全剪去。

繁殖

蝴蝶兰繁殖一般采用分株法。成年蝴蝶兰的植株有时会在基部或花茎上生出分枝或株芽。待株芽稍大后并长出2~3条小根时，将其切下单独培育成新的植株。

病虫防治

细菌性褐斑病：这是蝴蝶兰幼苗易感染的病害。养护期间要保持室内较高湿度，叶面不要积水，并适当通风。

细菌性软腐病：该病发生初期在叶的末端出现水浸状的暗褐色斑点，而后扩展开来。出现病株，要完全隔离，并剪除有病叶片。

虎刺梅

别　名：铁海棠、麒麟花、虎刺。

原产地：马达加斯加。

习　性：喜温暖、怕水渍、不耐寒、耐高温，适应性强，对土壤要求不严。

花　期：冬春季皆开花。

特　色：易于栽培，花期长久，花色鲜艳，形姿雅致，深受人们的喜爱。

养护秘诀

栽植

虎刺梅耐旱、怕涝，盆栽时宜用排水良好的土壤，可用园土、腐叶土和沙土以3：4：3的比例配制。每年春季换盆，常用直径15~18厘米的花盆。平时要放置于阳光充足处养护。

浇水

虎刺梅生长期浇水要充足，特别是春季生长旺盛期要保持盆土湿润，但不可积水，每次待盆土干透后再浇水。花期浇水过多会落花，冬季使盆土偏干为好。

施肥

虎刺梅的生长期为4~9月，这期间每15天施一次稀薄饼肥水或复合肥液，以补充盆土的养分，促进生长。夏季高温和雨季停止施肥。

修剪

想让虎刺梅多开花，要进行适当修剪。主枝太长，开花就少，应在花期之后将过长的和生长不整齐的枝剪短，一般在枝条的剪口下会长出2个新枝。由

于枝条细长较软，随植株长大，可用竹棍或铁丝扎成不同形状的支架，将枝条牵引捆缚其上。

繁殖

虎刺梅常用扦插法繁殖，以春末夏初进行最好。选生长茁壮、成熟的茎段，剪7~8厘米长做插穗，将插穗放在遮阴处晾干。扦插基质可用河沙或蛭石。插后放于荫蔽处，保持基质潮润即可，不要过湿，2~3天后再浇水。一般约1个月后便可生根。

病虫防治

茎枯病、腐烂病： 用50％克菌丹800倍液，每半月喷洒一次。

粉虱、介壳虫： 用50％杀螟松乳油1 500倍液喷杀。

天竺葵

别　名：石腊红、洋葵、洋绣球。
原产地：非洲好望角一带。
习　性：喜阳光，耐干燥，喜冷凉，忌水湿，适宜排水良好的疏松土壤。
花　期：10月至翌年6月。
特　色：生性健壮，病虫害少，适应性很强，花期长久。

养护秘诀

栽植

盆栽天竺葵，可用腐叶土掺拌适量沙土配制的培养土栽植，并加少量骨粉做基肥。天竺葵生长快，每年要换盆一次，换盆宜在8月中旬至9月上旬进行。换盆时可适当修去一些较长和过多的须根。

浇水

天竺葵耐干旱、忌水湿，浇水宜干不宜湿。一般叶尖打蔫时再浇，浇必浇透。6月下旬至8月上旬，天竺葵处于半休眠状态，这时要控制浇水，停止施肥。

施肥

天竺葵新栽苗不需施肥，待其枝叶生长旺盛后，可每15天追施一次腐熟的稀释液肥。开花旺盛时期，可结合浇水，每周追施一次腐熟的饼肥水，以促进开花。夏季和冬季温度低于10℃时不用施肥。

修剪

为使植株冠形丰满紧凑，应从小苗开始进行整形修剪。一般苗高10厘米时摘心，促发新枝。待新枝长出后还要摘心1~2次，直到形成满意的株型。花开于枝顶端，每次开花后都要及时摘花修剪，促发新枝不断、开花不绝，一般在早春、初夏和秋后进行修剪3次。

繁殖

天竺葵常采用扦插法进行繁殖，春插成活率较高。剪取带顶芽6~8厘米长的枝条，下端切口在节下，剪去基部叶片，切口干燥后，插入沙土中，深度为插穗的1／3~1／2，浇一次透水，放于阳光处。隔2天再浇一次水，约20天就可生根。

病虫防治

天竺葵如果通风不良且过于潮湿，易生叶枯病和褐斑病。发现后要及时通风，立即摘除生病的花叶，并喷洒等量式波尔多液防治。虫害主要有红蜘蛛和粉虱，防治方法参考前面的介绍。

蜡梅

别　名：香梅、黄梅花、香木、蜡木。
原产地：中国中部。
习　性：喜阳光，较耐寒，不怕旱，忌水湿，适宜
　　　　疏松、排水良好的微酸性沙质壤土。
花　期：11月至翌年3月。
特　色：花色美丽，香气馥郁，既可做盆景材料，
　　　　也可做室内插花。

养护秘诀

栽植

盆栽蜡梅培养土可用园土、腐叶土、沙土以5：3：2的比例配制。上盆后要及时浇透水，并放置阴凉处缓苗，1个月后再移至阳光充足的地方养护。一般每2~3年换盆一次，换盆宜在3月下旬进行。换盆时要去掉盆底旧土，适当剪掉过长老根，并填些新培养土。

浇水

蜡梅怕涝不怕旱，有"旱不死的蜡梅"之说。盆栽蜡梅平时浇水不宜过勤，要注意控水。浇水掌握"干透再浇"的原则。生长季节保持盆土稍湿润，休眠时保持盆土稍干燥即可。

施肥

一般在5~6月每10天施一次腐熟的饼肥水。7~8月为蜡梅花芽形成期，可每15~20天施一次饼肥水，肥水浓度要稀些。秋后再施一次干饼肥，以供开花时养分的需求。入冬后盆土保持偏干，停止施肥。

修剪

蜡梅的修剪分2次或多次为好。一是在花后修剪，去掉病虫枝、过长枝、衰弱枝等，以增加通风透光为主，也可以重剪。二是在夏季进行一次以短截徒长枝为主的修剪，主要是控制营养生长，改营养生长向生殖生长过渡，利于开多花、开好花。三是在冬季进行一次轻剪，主要是剪除病虫枝、交叉枝等，以整形为主。

繁殖

家庭繁殖蜡梅可用分株法。一般于春季2~3月叶芽尚未萌动时进行。分株时，先把母株根部靠子株一边的土挖开，用消毒过的利刀从根部将子株与母体根须切离，另成新株，然后栽植。栽后注意遮阴，保持土壤湿润。伏天过后，每半个月施一次液肥即可。

病虫防治

蜡梅在夏季高温、高湿天气下，易发生褐斑病、叶枯病等病害。同时也被螨类、食叶和蛀干类虫危害。要加强日常管理，做好预防工作。严重时可用药剂防治。

梅花	别　名：春梅、干枝梅、酸梅、红绿梅。 原产地：中国。 习　性：喜温暖气候，耐寒性不强，较耐干旱，不 　　　　耐涝，寿命长，可达千年。 花　期：12月至翌年3月。 特　色：中国传统十大名花之一，与兰花、竹子、 　　　　菊花一起列为"四君子"，与松、竹并称 　　　　为"岁寒三友"。

养护秘诀

栽植

　　修剪掉过长的主根和少量的侧根，多留一些须根。先在盆中倒入少量的土，然后将母株放入盆内，填土。填土后轻轻摇动花盆，使疏松的土壤下沉。最后浇足水，放置在阳光充足的地方。

浇水

　　梅花不耐水湿，浇水应以"不干不浇，浇就浇透"为原则，防止盆中积聚过多水分。大约在6月，花芽分化期内，要减少浇水量，同时使花卉接收充足的光照，使植株开花繁茂；夏天应浇足水，不然会导致梅花叶片凋落，影响花芽形成。

施肥

　　梅花要在冬天施用一次磷、钾肥，在春天开花之后和初秋分别追施一次稀薄的液肥即可。每一次施完肥后都要立即浇水和翻松盆土，以使盆内的土壤保持松散。

修剪

　　花芽萌发后，只保留顶端的3~5个枝条作主枝。次年花朵凋谢后要尽快把稠密枝、重叠枝剪去，等到保留下来的枝条有25厘米长的时候再进行摘心。第三年之后，为使梅花形态美观，每年花朵凋谢后或叶片凋落后，皆要进行一次整枝修剪。

繁殖

梅花的繁殖以嫁接为主，偶尔用扦插法和压条法，播种法应用少。播种繁殖多作培育砧木或选育新品种。 嫁接有枝接与芽接两种。砧木以梅砧最好，优点有：亲和力强、成活率高、长势好、寿命亦长。

⁺病虫防治

梅花易受蚜虫、红蜘蛛、卷叶蛾等害虫的侵扰，在防治时应喷洒50％辛硫磷乳油500倍液或50％杀螟松乳油1 000倍液，不能使用乐果、敌敌畏等农药，以免发生药害。

蟹爪兰

别　名：圣诞仙人掌、蟹爪莲、仙指花。

原产地：南美洲。

习　性：喜凉爽、温暖，耐旱性较好。若温度在15℃左右植株就会进入休眠状态。

花　期：11月至翌年1月。

特　色：冬季主要盆花之一。颜色多为紫红色，株型垂挂，适合于窗台、门厅入口处或展览大厅作装饰，热烈美观。

养护秘诀

栽植

在花盆底部铺放碎小的瓦片或体积为1~2立方厘米的硬塑料泡沫，然后填充培养土。将幼苗植入盆土中，浇透水分。将花盆放置在荫蔽处一段时间，多浇水，等到其正常生长后再正常养护。

浇水

春天和秋天可每2~3天浇水一次。夏天应每1~2天浇水一次，且需时常朝枝茎喷洒水，这样可降低温度，防止植株受到暑热的侵害，促使其加快生长。冬天浇水不宜太多，可以每隔4~5天浇水一次。

施肥

从春天到夏初，需大约每隔15天对植株施用一次浓度较低的肥料，主要是施用氮肥。进入夏天后可暂时停止施用肥料。在孕育花蕾到开花之前需加施1~2次以磷肥为主的肥料，以促进其分化花芽。

修剪

对栽培多于3~5年的植株，冠幅经常可以超过50厘米，需于春季对茎节进行短截，并对一些长势差或过分稠密的茎节进行疏剪，这样能令萌生出来的新茎节翠绿健壮。

繁殖

蟹爪兰繁殖并不困难，可用其茎直接扦插或进行嫁接繁殖。蟹爪兰的扦插繁殖，春、夏、秋三季均可进行，但以春、秋季扦插为好。蟹爪兰的嫁接繁殖，春、秋季均可进行，以春季嫁接为好。一般春季嫁接的植株，养护得好，当年冬季即可开花。

⁺病虫防治

蟹爪兰经常患的病虫害是叶枯病、腐烂病及各种虫害。

叶枯病、腐烂病： 可喷施50％克菌丹可湿性粉剂800倍液进行处理。

介壳虫： 可以每周喷洒一次杀灭菊酯4 000~5 000倍液来处理。

红蜘蛛： 可以喷洒50％杀螟松乳油2 000倍液来灭杀。

枸骨

别　名：猫儿刺、老虎刺、八角刺、狗骨刺。

原产地：中国。

习　性：喜阳光，耐干旱，也能耐阴，不耐盐碱，喜肥沃的酸性土壤。

花　期：10~12月。

特　色：株型紧凑，叶形奇特，碧绿光亮，四季常青，入秋后红果满枝，经冬不凋，是优良的观叶、观果树种。

养护秘诀

栽植

梅雨季节时，剪下长10~15厘米的当年生的半木质化枝条做插穗，留下4~6枚叶片。将插穗插到培养土里，注意遮蔽阳光和保持一定的湿度，经30天左右便可长出根，栽培1~2年后便能进行移栽。移植可于春天植株发芽前或立秋以后进行，但最好是在春天进行。种植后需浇足水，并在半荫蔽的地方摆放2~3周缓苗，等到植株的生长势头恢复后再转入正常养护。通常每2~3年更换一次花盆，多于春天2~3月进行。

浇水

在植株的生长季节，要令盆土时常维持潮湿状态，然而不能积聚太多的水。

施肥

在植株的生长季节，可以大约每隔15天施用浓度较低的、腐熟的饼肥水一次。冬天仅需施用一次有机肥作为底肥，以后则不要再对植株追施肥料。

修剪

每年夏天和秋天要分别对植株进行一次适度的修剪，把稠密枝、徒长枝、干枯枝和病虫枝剪掉，以维持一定的植株形态。

繁殖

枸骨的繁殖多采用播种法和扦插法。由于其种皮坚硬，种胚休眠，秋季采下的成熟种子需在潮湿、低温条件下储藏至翌年春天播种。梅雨季节实行嫩枝扦插，成活率较高。

病虫防治

枸骨经常发生的病害主要是根腐病及煤污病。

根腐病：马上把病株拔掉，并立刻用50％退菌特可湿性粉剂500倍液进行全面喷施。

煤污病：每10天用波尔多液或石硫合剂朝植株喷施一次就能有效治理。

仙客来	别　名：萝卜海棠、兔耳花、一品冠、篝火花。
	原产地：希腊、叙利亚。
	习　性：喜凉爽、湿润及阳光充足的环境。适生于疏松、肥沃、富含腐殖质微酸性沙质土壤。
	花　期：10月至翌年4月。
	特　色：其株型美观、别致，花盛色艳，有的品种有香味，深受人们青睐。

养护秘诀

栽植

种子发芽适温为18℃~20℃。播种前种子用冷水浸泡1~2天，或用30℃左右的温水浸泡3~4小时。在盆底铺上一些碎瓦片或者碎塑胶泡沫，覆土。将种子放进土壤中，种子上覆土2厘米左右。把花盆浸在水中，让其吸透水，取出用玻璃盖住花盆，将其置于温暖的室内。约35天后种子发芽。此时拿去玻璃，将花盆放在向阳通风处。当叶片长到10片以上时，将植株换入口径为13~16厘米的花盆中。栽种时，球茎的1/3应裸露在土壤外。

浇水

给仙客来浇水最好在清晨或上午。仙客来不耐旱，因此日常水分供应要充足，尤其是炎热的夏季。仙客来忌涝，因此盆土只需保持湿润即可，花盆内要严防积水。夏天多雨季节最好将植株放置于避雨处。

施肥

在仙客来的生长旺盛期，最好每旬为其施肥一次。在植株花朵含苞待放时，

可为其施一次骨粉或过磷酸钙肥。

修剪

在为仙客来整形时，主要是将中心叶片向外拉，以突出花叶层次。修剪时主要是剪去枯黄叶片和徒长的细小叶片。开花后要及时剪除它的花梗和病残叶。

繁殖

播种繁殖是仙客来繁殖常用的方法之一。仙客来的种子需经过人工授粉后才能获得，种子一般于5月份成熟，应及时采收。为促进种子发芽，播前可浸种催芽，用冷水浸种1~2天或30℃温水浸泡3~4小时，然后清洗种子表面，包于湿布中催芽，温度25℃，保持1~2天。播种时间一般在9~10月份，用普通花盆播种即可。

病虫防治

灰霉病： 能使植株叶片、叶柄枯死，球茎腐败，可通过喷施70%甲基托布津可湿性粉剂800~1 000倍液防治。

炭疽病： 能使植株叶片枯死，可喷施50%多菌灵可湿性粉剂500~800倍液防治。

萎蔫病： 能使叶片凋零、黄化，可用50%多菌灵可湿性粉剂500~800倍液灌根防治。

叶腐病： 能使叶片从叶脉向叶缘腐烂，可用土霉素2 000倍液涂抹受伤叶片防治。

瓜叶菊

别　名：富贵菊、千叶莲。
原产地：西班牙加那利群岛。
习　性：性喜寒，喜阳光充足和通风良好的环境，
　　　　但忌烈日直射。
花　期：12月至翌年4月。
特　色：头状花序，簇生，呈伞房状，花有紫红、
　　　　桃红、粉、紫、蓝、白等色，具有各种环
　　　　纹或斑点。

养护秘诀

栽植

上盆时的培养土中要均匀放入豆饼、骨粉或过磷酸钙为基肥，或者用厩肥、火土灰、园土、菜饼、细沙，按3：2：2：1：1的比例配制培养土，以保证植株养分的充足供应。厩肥须经沤制腐熟后晒干，菜饼必须粉碎，并将其充分搅拌混合后过筛方可作为定植的培养土使用。

浇水

盆栽保持盆土稍湿润，浇水要浇透。但忌排水不良。

施肥

生长期施薄肥，并注意不要使肥料溅到叶面上，施肥以后要及时冲洗，喷施新高脂膜保肥保墒。花期要停止施肥。

修剪

一般情况下不需要修剪。

繁殖

一般采用播种繁殖，8月浅播于盆面，温度保持在20℃~25℃，10~20天发芽，从播种到开花需6个月。重瓣品种以扦插为主，将植株上部剪去后，取茎部已萌发的强壮枝条，在粗沙中扦插。

病虫防治

蚜虫、红蜘蛛：可用40％氧化乐果乳油1 500~2 000倍液喷杀。

潜叶蛾：幼苗期常见，常用40％氧化乐果乳油1 500倍液防治。